しくみ図解

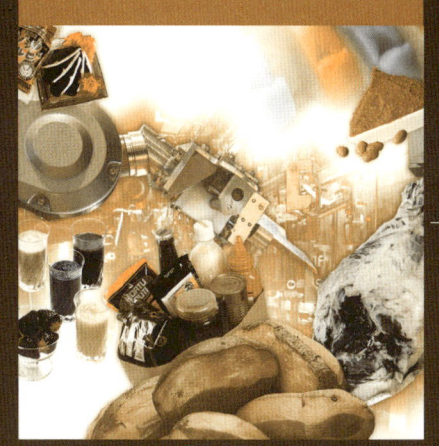

食品加工が一番わかる

加工技術から衛生管理、包装・流通構造が学べる

永井 毅 監修

技術評論社

はじめに

　今日、私たちの身のまわりには数え切れないほどの豊富な食材や食品が流通しています。食品メーカーでは、消費者や流通ニーズに応えるべく、新たな商品開発に取り組んでおり、毎年数多くの商品が販売されます。しかし、コンビニエンスストアの棚に陳列された商品をみると、新商品が発売されても、売れ行きの悪い商品はすぐさま淘汰され、規格変更などを経て新たな商品として販売されるのを見かけることもあります。消費者は、おいしさや価格をはじめ量目、原材料、栄養価、保存料や添加物の有無、商品名、パッケージデザインなどの要素を総合的に判断し購入します。年齢や性別、収入、季節や天候、気温などの影響も受けます。

　食品の原材料は動植物であり、収穫・捕獲後の食材を食べられる状態にするため、非可食部などを除去します。また、食材をそのまま放置すれば腐敗をはじめとした劣化が起きます。貯蔵性を付与し、おいしく食べられるようにするためにも何らかの加工処理を施します。さらに、長期間の保存を可能とするために包装し、製造・流通業者は輸送しやすくなり、また、包装材にさまざまな情報を書き込むことができ、消費者の商品選択の助けにもなります。これら食品の加工、包装、流通のそれぞれにおいて、画期的な技術開発が行われ、食品産業に大きな革新をもたらしてきました。特に、加工技術については新たな技術開発も進められたことにより、従来品にはない特徴を有した商品開発も可能となりました。また、包装技術の高度化や流通技術の発達が商品の広域流通を可能とし、たくさんの新商品を生み出すきっかけとなっています。食品の加工は、食に関する正しい知識と技術なくしてなし得ません。

　本書は食品や食品加工・製造業に関心のある方、食品加工の基礎知識を必要とする農学・生活科学系、また工学系で学ぶ学生、農業の六次化などで今後、食品加工・流通・販売を考えている農業者の方々、これから食品開発を志す方々へ、食品加工を知るための入門書として、図表を多用して視覚的な理解を促し、十分に使える内容を備えていると思います。本書を通して、食品加工に対する興味を喚起し、高度な食品製造や新たな食品開発ができる食品加工技術者の育成の一助になれば幸いです。おわりに、出版の機会をいただいた（株）技術評論社、編集に協力いただいたジーグレイブ（株）堀田氏に心から感謝いたします。

2015年7月　著者を代表して　永井　毅

食品加工が一番わかる
――加工技術から衛生管理、包装・流通構造が学べる――

目次

はじめに……………3

第1章 食品加工の原理……………9

1 加工の原理……………10
2 食品と微生物……………14
3 水分活性のメカニズム……………16
4 乾燥……………18
5 真空凍結乾燥法（フリーズドライ）……………20
6 燻煙……………22
7 冷蔵・冷凍と食品加工……………24
8 加熱処理……………28
9 塩蔵・糖蔵・酸貯蔵……………30

第2章 食の加工と成分変化……………33

1 食品の成分変化……………34
2 タンパク質の変化……………36

CONTENTS

3 デンプンの変化…………38
4 油脂の酸化①…………40
5 油脂の酸化②…………42
6 褐変と褐変の防止策…………44

第3章 新たな加工技術を用いた食品加工…………49

1 進化を続ける食品加工技術…………50
2 レトルト（加圧加熱殺菌）技術…………52
3 高圧加工技術（超高圧加工技術）…………56
4 真空凍結乾燥（フリーズドライ）技術…………60
5 過熱水蒸気技術…………62
6 超臨界ガス抽出技術…………66
7 湿式微細化技術…………70
8 エクストルーダー…………72
9 膜分離技術…………74
10 凍結含浸法…………76

第4章 食品安全衛生管理の基礎と検査機器……79

1. 異物混入の防止…………80
2. 食品添加物…………82
3. 有害金属・有害化学物質…………84
4. 食品衛生5S（7S）の基本概念…………86
5. 法令順守と自主衛生管理…………88
6. HACCPによる食品安全の検証システム…………90
7. 危害分析（HA）…………92
8. 重要管理点（CCP）…………94
9. HACCPシステムの導入…………96
10. 食品工場とクリーンルーム…………100
11. 異物検査機器…………102
12. 放射性核種分析機器…………104
13. 加工食品における栄養表示基準…………106
14. 賞味期限と消費期限…………108
15. 食物アレルゲンと遺伝子組換え食品…………110

第5章 食品の包装と流通の新技術…………113

1. 包装材の種類…………114
2. 無菌充填製品…………116

CONTENTS

- 3 PPフィルム…………118
- 4 可食フィルム…………120
- 5 ガスバリヤー性包材…………122
- 6 レトルト食品用包材…………124
- 7 輸送包装…………126
- 8 新配送システムとトレーサビリティ…………128
- 9 脱酸素剤の活用…………130
- 10 環境ガスの調節による保存法…………132
- 11 品質保持効果を高める包装…………134
- 12 放射線照射…………136
- 13 殺菌水…………138

第6章 食品製造と環境問題…………141

- 1 給水・用水の処理技術…………142
- 2 廃水処理技術…………144
- 3 食品廃棄物処理技術①　配合飼料原料化…………146
- 4 食品廃棄物処理技術②　バイオガス化…………148
- 5 廃食用油脂（UCオイル）処理技術…………150

CONTENTS

第7章 食品創製の科学..............153

1 未利用・低利用食料資源の利用..............154
2 有用成分を損なわない高品質な食品創製..............158
3 地域の魅力ある食料資源を活用した食品開発..............162
4 食品ロボットと3Dプリンターによる食品開発..............166
5 食品表示法の施行..............168

用語索引..............170

コラム｜目次

食品保存の伝統製法を科学する..............32
食物アレルギー..............48
宇宙食と介護食の開発..............78
農林水産業の六次化と食品加工の課題..............112
低温流通の一般化..............140
PETボトルのリサイクル..............152

第1章

食品加工の原理

私たちが日々食する食品の
原材料の多くは、動植物すなわち生物です。
しかし、口に入れる時は生物そのものではなく
何らかの加工処理を施したものになっています。
この操作や過程を、食品加工または食品製造とよんでいます。

1-1 加工の原理

●食品を加工するということは？

　食品の大半は生物を原材料としていますが、生物そのものを食べることはまれで、何らかの加工処理を施したものとなっています。この操作や過程を、食品加工または食品製造といいます。

　ではなぜ私たちは生物を加工して食品としているのでしょうか。

　生物そのものでは食用に適さない場合があります。非可食部を取り除き、可食部を取り出すこと（可食化すること）が第一の目的です。また、素材そのものでは食べられないまたは食べにくい場合、食べても栄養価が低い場合があります。生物を加熱処理することにより、食味が改善し、消化吸収が高まることもあります。

　二点目として、農産物など、通年的に収穫できるものばかりではありません。年間通じて食べることができるようにするため、貯蔵や保存性を高める工夫が必要になってきます。果実などは水分含量が多いため、腐敗しやすい食品ですが、砂糖を添加し煮詰めてジャムにすると保存性が高くなります。

　三点目は、嗜好性の向上です。大豆はそのままでは堅くて食べることができませんが、栄養価の高い食品です。そこで、例えば蒸煮大豆に納豆菌を播種し、発酵させることで、独特の風味をもつ納豆に加工して食する場合があります。

　最後に、利便性の向上です。近年調理済み食品が重宝される傾向にありますが、料理の手間や時間を省き、すぐ食べられるようになっています。

　また、食品を包装することにより、製造・流通業者が輸送しやすくなるばかりか、消費者も持ち帰りやすくなります。さらに、包装材に生産者、原産地、期限表示、保存方法、製造者、栄養成分、アレルギー物質表示など、消費者の商品選択の指標となる重要な情報を提供できます。

　このように、食品加工とは、私たち消費者や製造・流通業者のニーズにかなう付加価値が付与されることを意味するのです（表1-1-1）。

表 1-1-1　食品加工の目的

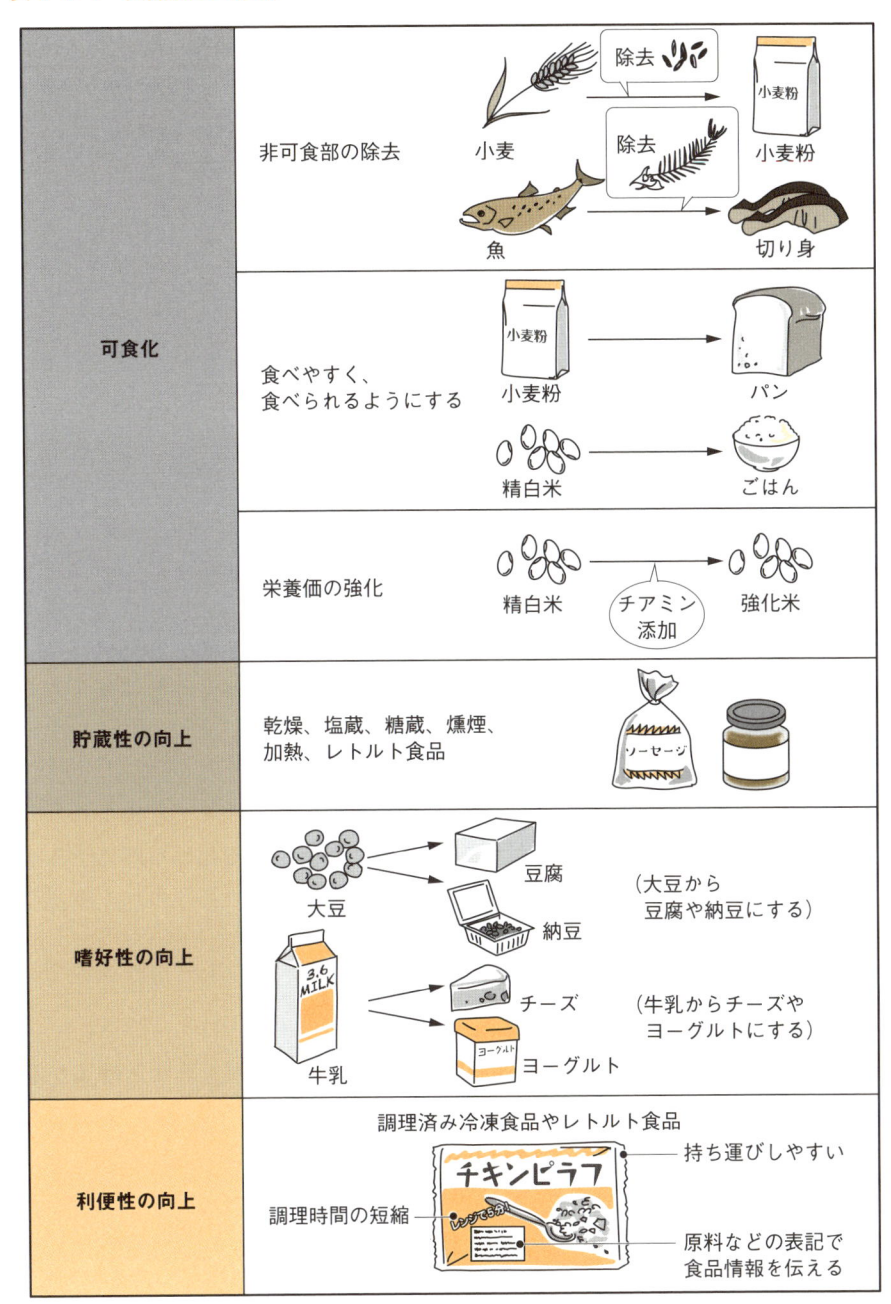

可食化	非可食部の除去	小麦 → 除去 → 小麦粉 魚 → 除去 → 切り身
	食べやすく、食べられるようにする	小麦粉 → パン 精白米 → ごはん
	栄養価の強化	精白米 → (チアミン添加) → 強化米
貯蔵性の向上	乾燥、塩蔵、糖蔵、燻煙、加熱、レトルト食品	
嗜好性の向上	大豆 → 豆腐、納豆（大豆から豆腐や納豆にする） 牛乳 → チーズ、ヨーグルト（牛乳からチーズやヨーグルトにする）	
利便性の向上	調理済み冷凍食品やレトルト食品 ・調理時間の短縮 ・持ち運びしやすい ・原料などの表記で食品情報を伝える	

●物理的原理による加工法

　物理的原理による加工法とは、機械を用いた食品素材の選別、変形、分離、加温・冷却などの方法です（表1-1-2）。

　農産物の加工ではふるいにかけて、大きさ、形、重さ、比重、磁性などの差を利用して食材から不純物や混入した異物を取り除きます。

　小麦の場合には、小麦粒を機械で粉砕した後、ふるいを使用して可食部の小麦粉と非可食部のふすまに分けています。米の場合も、玄米から果皮、種皮、糊粉層などの非可食部を除去し、精白米としています。

●化学的原理による加工法

　化学的原理による加工法は、食材に含有する成分の化学的特性や成分どうしの化学反応を利用したものです（表1-1-2）。

　ジャガイモからデンプンを製造する場合、収穫したジャガイモを水洗後、摩砕し、細胞を壊すことでデンプンを取り出します。デンプンは、水に不溶で水より重いという特性があることから、水の中にデンプンを沈殿させ、デンプンと不純物（可溶性成分）を分離します。その際、遠心分離機などを利用した物理的原理による分離法も併用します。

　パンは小麦粉などを主原料に、水、食塩、酵母、油脂などを添加しよくこねた生地を焼成した食品ですが、焼くことにより、魅力的な焼き色や香りがつくり出されます。これは、含有するアミノ酸と糖による化学反応によるもので、アミノ・カルボニル反応（成分間反応）とよばれ、多くの加工食品で利用される反応です。

●生化学的原理による加工法

　生化学的原理による加工法には、微生物作用やそれらが産生する酵素を利用したものがあり、微生物学的原理とか酵素学的原理とよばれることがあります。例えば、パン製造の場合、酵母を添加し、生地を発酵させる必要があり、酵母は、添加した糖を利用（資化）し、炭酸ガスを生成することにより生地が膨化します。粘弾性のあるグルテン膜を形成し、その中に炭酸ガスを封じ込めることで、生地が膨化します。

表1-1-2 食品加工の方法

加工の方法		目的、内容	加工の例
物理的原理による加工法	篩別（しべつ）	ふるいにかけ、分別すること	不純物の除去、小麦粉とふすまの分別
	粉砕	細かく砕くこと	小麦粒から小麦粉にする
	搗精（とうせい）、研磨	すり合わせ、表面を削り落とすこと	玄米から精白米にする
	磨砕	すりつぶすこと、微粉化、乳化	ジャガイモからデンプンを取り出すのに細胞を壊す
	遠心分離	重さの差を利用して遠心力により分離する。沈殿物の分離、軽い物の浮上分離	トウモロコシを磨砕後、胚芽部とデンプン部を分離する
	ろ過	溶液中から不純物をろ剤により分離する。不純物の除去。沈殿物の分別	ろ過により微生物を除き、生ビールを製造する。油脂の精製で、脱色の目的で加えた白土を除去する
	撹拌、混ねつ	溶液や懸濁液をよく混ぜ、均一にする。半固体状の場合は混ねつという	牛乳をホモジナイズして均一化する。パンの製造で小麦粉に水を混ぜ、よく練り合わせて生地を形成させる
	圧搾	圧力をかけ、成分をしみ出させる	ナタネからナタネ油をしぼり出す
	高圧処理	高圧をかけ、押し出したり、成形したりする	スパゲッティの押し出し成形、スナック菓子のパフ化
	加熱、加温	調理、殺菌、酵素反応の維持や失活などのために加温する	牛乳の殺菌、デンプンの糊化、野菜のブランチング、発酵の温度管理
	冷却	温度を下げる。品質保持	冷凍貯蔵、冷蔵、肉の熟成
	乾燥、濃縮	水分の除去、貯蔵性の向上、結晶化	乾燥食品、砂糖の製造
化学的原理による加工法	沈殿	特定成分の分離・除去	水に不溶であることを利用したデンプンの製造、大豆タンパク質の等電沈殿による精製、砂糖の結晶化
	抽出、溶解性	溶媒で成分を溶かしだす、特定成分の溶解、除去	大豆からn-ヘキサンによる油の抽出、大豆から豆乳の製造
	成分間反応	食品中の成分どうしの化学反応	加熱による香気の形成や褐変
	化学物質の添加	味や香り付け、品質や保存性の改良・向上のために化学物質を添加する	調味料の添加、保存料の添加、塩蔵、砂糖漬け
	糊化	デンプンの糊化による消化性の向上	米の炊飯、パンの焼成
	ゲル化	ゲル形成の利用	豆乳から豆腐の製造、牛乳からチーズの製造
	水素添加	二重結合に水素を付加する	植物油からのマーガリンの製造
	脱色、脱臭	精製、不純物の除去	油脂の精製
	エステル交換	エステル交換反応を行う	油脂の改良、糖エステルの製造

1-2 食品と微生物

●発酵と腐敗を生み出す微生物の力

　食品はヒトにとって重要な栄養素ですが、同時に微生物にとっても繁殖のための栄養分を含んでいます。そのため、微生物が食品に接触すれば、食品成分を分解することにより増殖し続け、食品は変質し、風味などの嗜好性低下を招きます。最終的には、腐敗に至り、食べられない状態となります。しかし、前節で取り上げたパンなどの醸造食品の製造では、微生物の力を借りて、新たな価値を有する食品をつくり出しています（表1-2-1）。

　このように、ヒトにとって有益な微生物の働きを「発酵」、有害なものを「腐敗」と区別していますが、微生物にとっては仲間を増やす「増殖」を行っていることに代わりはありません。

●カビ・酵母・細菌・放線菌

　微生物を実用的な観点から形態学的に大別すると、4群（カビ、酵母、細菌、放線菌）に分けることができます。カビや酵母は、核や細胞小器官を有する真核生物に属しますが、細菌や放線菌は核を有しない原核生物です。

　カビは、多数の枝分かれした糸状菌糸を形成し、菌糸から枝状に分岐させ、先端に胞子を形成します（糸状菌）。飛散した胞子は発芽し、菌糸形成することにより生育します。

　酵母は円形または楕円形の形状をとる、真核の単細胞生物です。出芽または分裂により増殖し、パン酵母、酒酵母、ビール酵母などの有用酵母があります。

　細菌は、球状の球菌、長細い形状の桿菌、らせん状のらせん菌などに分類されます。酵母同様に単細胞生物です。乳酸菌や納豆菌などの有用菌もありますが、食中毒を引き起こす食品衛生上問題となる細菌もいます。腸管出血性大腸菌 O-157:H7 や O-111、黄色ブドウ球菌、ボツリヌス菌、サルモネラ菌、腸炎ビブリオ菌などの食中毒細菌です。食中毒を引き起こすのは細菌ばかり

ではありません。カビの有毒代謝産物としてマイコトキシンがあります。
　放線菌は、分岐した糸状で胞子形成する原核生物です。抗生物質や酵素生産に活用されます。
　このように、通常食品の腐敗に関与する微生物は、カビ、酵母および細菌です。これらの微生物は、食品成分の違い、温度、湿度やpHなど、環境要因により増殖する種類が異なるため、食品を保存する場合、保存条件などに配慮する必要があります。

表 1-2-1　醸造食品と関与微生物

醸造食品	原料	関与微生物	微生物のおもな作用
ビール	麦芽 ホップ	酵母	アルコール発酵
ワイン	ブドウ	酵母	アルコール発酵
日本酒	米	コウジカビ 酵母	糖化、タンパク質分解、 アルコール発酵
醤油	大豆 小麦 食塩	コウジカビ 耐塩性乳酸菌 耐塩性酵母	糖化、タンパク質分解、乳酸発酵、 アルコール発酵
味噌	大豆 小麦 食塩	コウジカビ 耐塩性乳酸菌 耐塩性酵母	糖化、タンパク質分解、乳酸発酵、 アルコール発酵
納豆	大豆	納豆菌	タンパク質分解、粘質物の形成
パン	小麦	酵母	アルコールと二酸化炭素の生成
ヨーグルト	牛乳	乳酸菌	乳酸発酵
チーズ	牛乳	乳酸菌 カビ	乳酸発酵 各種の分解反応
ザワークラウト	キャベツ 食塩	乳酸菌	乳酸発酵

1-3 水分活性のメカニズム

●食品の構造保持に寄与する水分

　水はほとんどの食品に存在し、多量に含まれる成分です。なかでも、野菜や果実は水分含量が90％と高く、魚介類や食肉ではおよそ70～80％あります。食品に含まれる水は、食品の硬さや粘りなどのテクスチャーや保存性に関与しています。野菜類では5％、魚類や食肉では3％以上水分が減少すると、鮮度が低下し、品質が保持できなくなるといわれます。食品から水分が減少すれば、食品のもつ特性や機能性が失われることになります。言い換えれば、食品の構造は、水により保持されており、乾燥により崩壊します。

　水分子を構成するのは1個の酸素原子と2個の水素原子です。わずかにプラスに帯電した水素原子はほかの水分子のマイナスに帯電した酸素原子と弱い結合（水素結合）を形成する以外に、食品に含まれるほかの成分とも水素結合を介して安定化し、食品の構造保持に寄与しています。

●自由水と結合水

　食品中の水は存在状態により、自由水と結合水に分けられます。自由水は食品中で自由に移動可能な状態で存在し、氷結や蒸発に関与します。

　一方、結合水は食品に含まれるタンパク質や炭水化物に存在する官能基と水素結合し束縛された水です。これは、氷結や蒸発が起きにくく、微生物の生育や酵素反応の場として利用されません。結合水の周りの層で溶質分子と弱く結合している層の水を準結合水といいます。食品の結合水のほとんどが準結合水で、0℃で凍りにくいため、不凍水ともいわれます（図1-3-1）。

　食品の変質からみると、結合水より自由水の量が問題です。食品中の自由水の割合を示す水分活性（Aw）があり、食品の貯蔵性の指標となります。純粋な水はすべて自由水であり、この水分活性値は1です。水分活性は、一定温度における食品の蒸気圧（P）を同温度の純水の蒸気圧（P_0）で割った値で示されます（水分活性（Aw）＝ P/P_0）。

野菜、果実、食肉、魚介類などは水分活性の高い食品であり自由水が多く、微生物の繁殖しやすい食品群です。微生物の繁殖に必要な水分活性値は種により異なりますが、細菌は0.90、酵母は0.85、カビは0.80といわれます（図1-3-2）。なお、水分を20～40％含むにもかかわらず、水分活性値が0.65～0.85に該当する食品を中間水分食品といいます。これらは、水分をある程度含み食味もよく、復元なくそのまま食することができる特徴があります。サラミソーセージ、ジャム、佃煮などの食品です。

図1-3-1　溶質分子と水分子の結合状態

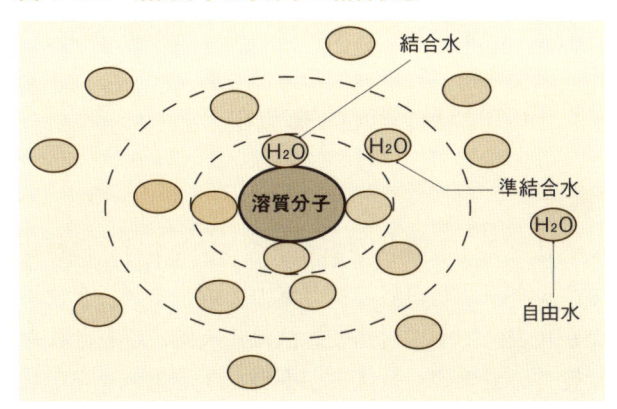

図1-3-2　水分活性と微生物の繁殖、食品の変化

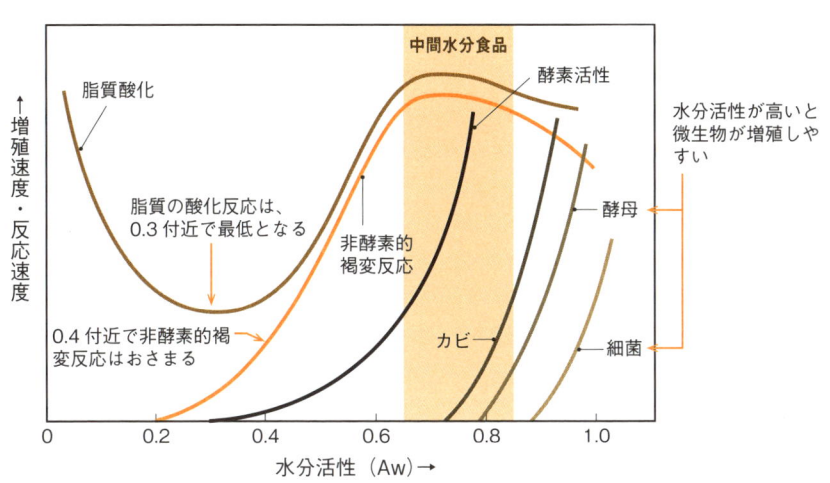

1-4 乾燥

●微生物の増殖を抑え、貯蔵性を高める

　乾燥とは、食品に含まれる水分（自由水）を蒸発させることにより、水分活性を低下させ微生物の生育ならびに増殖を防止し、貯蔵性を高める方法です。水は三態（気相、液相、固相）で存在していますが、乾燥は液相の水から気相の水蒸気への変換（蒸発）を指します。蒸発は、最も使用頻度の高い方法ですが、固相から気相へ直接変換（昇華）する方法もあります。真空凍結乾燥法（フリーズドライ）という方法です（1-5節参照）。

●自然乾燥法と人工乾燥法

　食品の乾燥には、自然乾燥法と人工乾燥法があります（図1-4-1）。自然乾燥法とは、太陽熱（太陽エネルギー）や自然の風（風力エネルギー）を使用した方法であり、天日乾燥が代表的です。自然乾燥法は、天候に左右されやすいため、大規模な利用は難しいですが、コストが安価です。魚の一夜干し、かんぴょうや切り干し大根などの野菜の乾燥、干し柿製造に利用されます。また、凍り豆腐や寒天製造では、自然を利用した凍結乾燥を用いたものもあります。

　人工乾燥法は、熱風乾燥法、噴霧乾燥法（スプレードライ）、加圧乾燥法、真空凍結乾燥法などがあります。熱風乾燥法は、野菜や果実の乾燥に用いられるものであり、最も一般的に使用される方法です。水分は食品表面からの蒸発と食品内部からの毛細管現象による水分表面への拡散で、順次乾燥が進みます。しかし、急激な加熱による乾燥では、蒸発水分量より拡散水分量が多くなり、毛細管による水分の流動が進まず、表面への拡散が起こらないため、食品内部に水分が留まってしまうケースもあります（うき乾き）。

　食品表面は乾燥しているようでも、食品内部に残留する水分が表面へ移行し、保存中に微生物の繁殖による変質の原因にもなります。このような乾燥品に水を加えても元の状態に戻りません。

図1-4-1 食品の乾燥法

自然乾燥法

天日に干す

- メリット： コストが安価
- デメリット： 天候に左右される
  仕上がりにムラが生じる
- おもな食品： 干物、かんぴょう、
  切り干し大根、干し柿

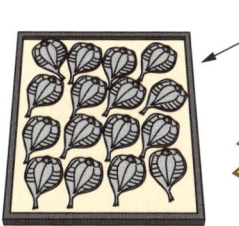

人工乾燥法

熱風乾燥法

熱風を吹き付けて乾燥させる

- メリット： 乾燥速度が早い
  仕上がりが均一
- デメリット： 成分変化が生じやすい
- おもな食品： 野菜、果物

噴霧乾燥法（スプレードライ）

液状食品を微粒化して瞬間的に乾燥させ粉末状にする

- メリット： 食品成分の変化が少ない
- デメリット： 装置が高価
- おもな食品： インスタントコーヒー、粉乳

加圧乾燥法

密封容器内で、加熱、加圧後に急激に常圧に戻して瞬間的に水分を蒸発させる

- メリット： 食品の復元性に優れる
- デメリット： 原料の水分によって
  膨化程度が変化する
- おもな食品： スナック菓子

真空凍結乾燥法（フリーズドライ）

食品を凍結し、高真空下で水分の昇華によって乾燥させる

- メリット： 食品の復元性に優れる
  食品成分の変化が少ない
- デメリット： コストが高価
- おもな食品： インスタント食品

1-5 真空凍結乾燥法（フリーズドライ）

●昇華による乾燥方法

　人工乾燥法のひとつで、固相から気相へ直接変換（昇華）する方法のことを真空凍結乾燥法（フリーズドライ）といいます（図1-5-1）。真空凍結乾燥法によって乾燥させた食品は、固相の氷から蒸気として水分を除去するため、野菜や果実などの細胞組織はそのままの状態で乾燥します（3-4節参照）。そのため、加工後、水の添加によって簡単に復元されることから、野菜、ラーメン、味噌汁、粥など、さまざまな加工食品の製造に応用されています。

　この方法では酸素の存在しない真空中で乾燥を行うため、食品に含有する成分の酸化が起きにくく、品質低下を防止することができます。コストはかかりますが高品質な食品製造には最適です。

●酸化防止の工夫

　食品を乾燥した場合、酸素、熱、光線（紫外線）などによる食品成分の劣化が進行する場合があります。特に気をつけなければならないのが、脂質の酸化です。乾燥により水分活性が低下すれば、酸化反応も起きにくくなりますが（水分活性値0.3で最低となる。図1-3-2参照）、それより低くなると逆に酸化反応速度が大きくなります。乾燥により結合水まで失われると、食品の構成成分と酸素の接触が容易となり、酸化が進行するのです。

　特に、凍結乾燥食品では、乾燥後の食品が多孔質になっているため、酸素と接触する面積が大きくなっています。乾燥食品の保存では、酸素との接触をできるだけ防止するために、窒素ガスを噴入した包装など工夫が必要です（図1-5-2）。

図 1-5-1　真空凍結乾燥の流れ

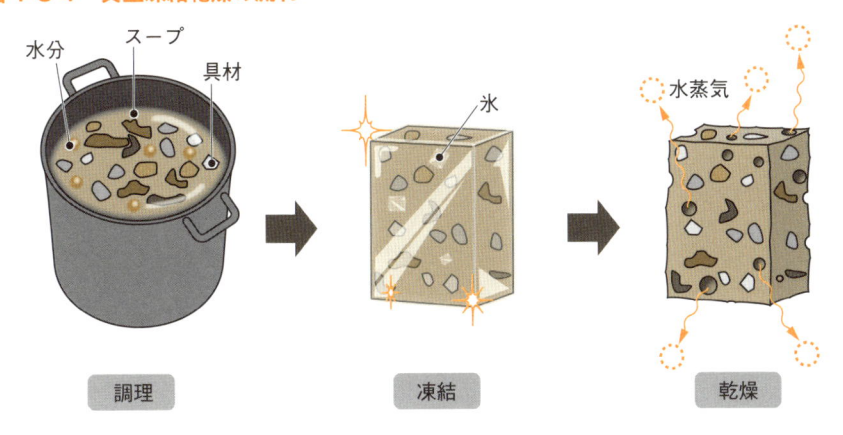

調理　→　凍結　→　乾燥

（水分／スープ／具材／氷／水蒸気）

図 1-5-2　多孔質の乾燥食品の長所と注意点

多孔質（空隙があらゆる所にある）

長所
空隙に水分が浸入しやすいので、溶解性が高い。
低水分であるため軽量となり、輸送性も高い

注意点
空気に触れると酸化しやすいので、包装に工夫が必要

1・食品加工の原理

1-6 燻煙

●燻煙の目的

　燻煙とは、木材（燻材）を不完全燃焼させ発生する煙を使用して食品を燻し、煙に含有する成分で保存性や貯蔵性を高める加工法です。図1-6-1に一般的な燻製工程を示します。燻材には、樹脂の少ないカシ、クヌギ、クルミ、サクラ、ブナ、ミズナラや、タール分の少ないクリなど広葉樹のチップを用います。燻煙にはアセトアルデヒド、ホムルアルデヒド、アセトン、ギ酸、フルフラールなどの抗菌性ならびに抗酸化性物質が含まれます。なかでもホムルアルデヒドの抗菌性は強いため、乾燥と同時に保存性を高め、食品に独特の香りを付与します。

　燻製品に使う食材はおもに水産物、畜産物です（表1-6-1）。

●燻煙の方法

　燻煙の方法には、食材や目的に応じていくつかの種類があります。おもに低温で行う「冷燻」、冷燻より高い温度で行う「温燻」、高温で行う「熱燻」があります（表1-6-2）。

　その他に、広葉樹などの木材から木炭を製造する際に発生する燻煙を凝縮し、油分やタールを除いた水溶性区分（燻液：木酢液）に浸漬後、乾燥する方法「液燻」があります。水または希薄食塩水で約3倍に希釈した燻液に原材料を10～20時間浸漬し、乾燥します。製品の色調と乾燥度合いを高めるため通常の燻製法を併用する場合もあります。魚介類だけでなく、ハムやソーセージの製造にも応用されます。液燻は、発ガン性物質を低減できるという利点があります。

図 1-6-1　燻製工程

下処理 → 塩漬け → 塩抜き → 風乾 → 燻煙 → 風乾 → 完成

表 1-6-1　燻製品の種類

種類		例
水産物	魚類	イワシ、カレイ、サケ、サバ、サンマ、シシャモ、スケトウダラ、ニシン、ヒラメ、ブリなど
	貝類	ホタテ貝の貝柱、カキ、アサリなど
	その他	エビ、クジラ（うねす）など
畜産物	肉類	ハム、ベーコン、ソーセージなど
	乳製品	チーズなど
	卵製品	鶏、うずらなどのくん製卵
調味燻製品	珍味	イカ、タコなど
	その他	かまぼこなど
缶詰食品	くん製油漬け	アサリ、アワビ、カキ、サザエ、ブリなど
焙乾製品	かつお節類	かつお節、かつおなまり節、そうだかつお節
	その他の節類	かイワシ、サバ、ムロアジ、メジマグロ、サンマなどの節類

表 1-6-2　燻煙の種類

	燻煙の温度と時間（※）	目的と特徴	食材
冷燻	15～30℃ 3～5週間	製品の塩分濃度は8～10％となり、長期保存が可能。低温で長時間かけて乾燥、燻煙するため、熱によるタンパク質の凝固が起きない	塩味の強い食材
温燻	30～80℃ 3～8時間	製品への香り付けを目的とする。水分含量が高く（55～65％）、塩分は2.5～3.0％で低いため、保存性が低い。冷蔵保存する必要がある	塩味の弱い食材
熱燻 （焙燻）	120～140℃ 2～4時間	調味（風味付け）を目的とする。高い温度で短時間で行う。水分が多く、貯蔵性に乏しい	水産物、畜産物

※温度と時間は食材によって異なる

1-7 冷蔵・冷凍と食品加工

●微生物の増殖を抑制し、品質保持期間を延長

　食品を低温保存する目的は、品質低下をもたらす酸化反応や酵素反応、微生物の増殖を抑制し、品質保持期間を延長することにあります。

　一般的に、温度が10℃低下すると反応速度は約1/2～1/3に低下します。低温処理はこれらの要因を永久的に抑制するわけではなく、一時的な貯蔵方法であり、微生物を完全に死滅できません。

　微生物の最適生育温度は種により異なり、細菌では20～60℃であり、低温細菌、中温細菌（最適温度30～37℃）、高温細菌（最適温度45～60℃）に分けられます。

　0～5℃でも増殖する低温細菌は好冷菌ともいわれ、*Achromobacter*属、*Flavobacterium*属、*Pseudomonas*属および一部の乳酸桿菌などが、低温保存食品の変質や腐敗を引き起こすことが知られています。また、酵母やカビは25～30℃に最適温度を有し、5℃でも生育可能な酵母や、0℃でも生育することができるカビもあります。低温貯蔵法は温度帯により、冷蔵（冷却貯蔵）、冷凍（冷凍貯蔵）に大別されます。

●冷蔵（冷却貯蔵）

　最も古くからあり、現代でも普及している貯蔵法で、食品を0～15℃で保存する方法です。穀類、青果物、生鮮食品の保存に適していますが、1週間から1か月程度の貯蔵に限られます。

　収穫後の青果物は、呼吸や蒸散作用をしており、収穫した青果物を冷蔵や輸送する場合、急いで品温を下げること（予冷）が重要です。しかし、バナナ、なす、ピーマン、かぼちゃ、さつまいも、トマトなど、熱帯、亜熱帯原産青果物は、ある温度帯以下の温度での保存で、やけ、変色、ピッティング（果皮表面に褐色斑点状の凹みができること）、軟化などの障害が現れます。

● 注目される新温度帯保存

　冷蔵保存では保存期間が限られ、冷凍貯蔵では凍結による障害が避けられない問題があり、-5〜5℃の新温度帯が注目されています（図1-7-1）。

図1-7-1　新温度帯の種類

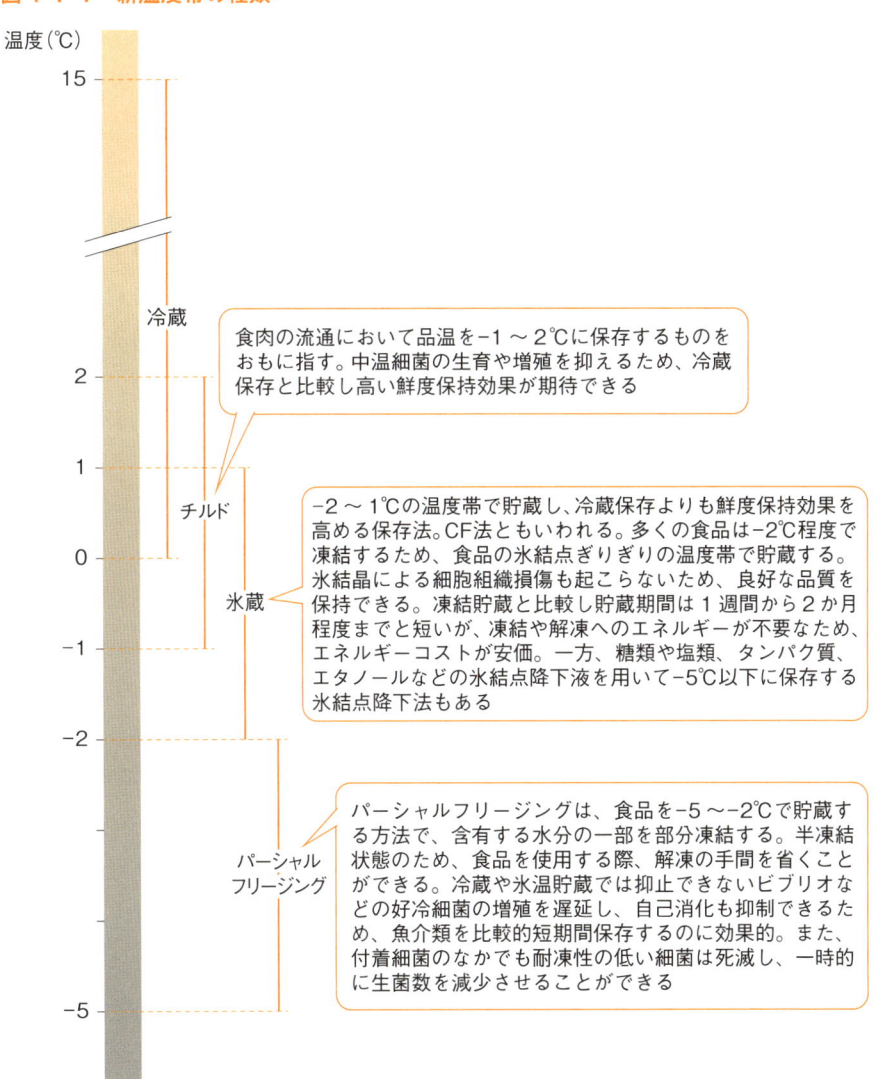

温度（℃）

冷蔵

チルド：食肉の流通において品温を-1〜2℃に保存するものをおもに指す。中温細菌の生育や増殖を抑えるため、冷蔵保存と比較し高い鮮度保持効果が期待できる

氷蔵：-2〜1℃の温度帯で貯蔵し、冷蔵保存よりも鮮度保持効果を高める保存法。CF法ともいわれる。多くの食品は-2℃程度で凍結するため、食品の氷結点ぎりぎりの温度帯で貯蔵する。氷結晶による細胞組織損傷も起こらないため、良好な品質を保持できる。凍結貯蔵と比較し貯蔵期間は1週間から2か月程度までと短いが、凍結や解凍へのエネルギーが不要なため、エネルギーコストが安価。一方、糖類や塩類、タンパク質、エタノールなどの氷結点降下液を用いて-5℃以下に保存する氷結点降下法もある

パーシャルフリージング：パーシャルフリージングは、食品を-5〜-2℃で貯蔵する方法で、含有する水分の一部を部分凍結する。半凍結状態のため、食品を使用する際、解凍の手間を省くことができる。冷蔵や氷温貯蔵では抑止できないビブリオなどの好冷細菌の増殖を遅延し、自己消化も抑制できるため、魚介類を比較的短期間保存するのに効果的。また、付着細菌のなかでも耐凍性の低い細菌は死滅し、一時的に生菌数を減少させることができる

1. 食品加工の原理

●冷凍（冷凍貯蔵）

　冷凍は、食品の低温貯蔵法のなかで最も長期間保存可能な手段です。食品衛生法では品温を－15℃以下で保存するように決められていますが、日本冷凍食品協会では国際基準に沿い、製造時の品質を1年間保持することが可能な－18℃以下を自主的取り扱い基準に定めています。これは日本農林規格（JAS法）でも同様です。冷凍食品とは、処理後の食品を急速凍結して品温を－18℃以下とし、包装した食品を指します。

　食品を冷凍すると含有する水分が徐々に凍ります。凍結しはじめる温度（凍結点・氷結点、表1-7-1）に達すると、氷結晶が生成され温度低下が緩やかになります。－1～－5℃の温度帯を最大氷結晶生成帯とよび、この温度帯を速やかに通過（30分以内）させる急速凍結では氷結晶が微細となり、食品組織内に均一に分散するため、品質への影響が少なく、解凍後も凍結前に近い状態に復元します。一方、この温度帯を緩やかに通過（緩慢凍結）させると、細胞内の自由水が氷結晶となり、水が細胞外で不均一かつ大きな氷結晶に成長します。これにより細胞が破壊され、解凍時には多量のドリップを生じさせるため、食品成分の流出により食味低下を起こします。食品を凍結する場合、最大氷結晶生成帯の温度帯を速やかに通過させる工夫が求められます（図1-7-2）。

　凍結法として、冷却管で棚をつくり、その上に食品を並べて凍結する「空気凍結法」や食品を移動させながら－30～－50℃の冷風を吹き付けて急速凍結する「送風凍結法」、金属板を－25～－45℃に冷却し、これに食品を挟んで凍結する「金属板接触法」、濃厚な塩溶液に食品を浸漬し、急速凍結する「浸漬凍結法」、小型の食品（賽の目に切断したニンジンやジャガイモ、スイートコーンなど）をばらばらに急速凍結する「バラ凍結（IQF）」などがあります。

●冷凍による品質低下

　食品表面の脱水により生じる損傷を冷凍焼けといいます。凍結貯蔵中に食品表面が空気に接触している場合、氷結晶の昇華により水分が失われることで食品表面のみならず内部乾燥が進行することもあります。そのため、脂質や脂溶性色素や香気物質などの酸化を受けて、品質低下を招きます。魚介類や食肉で起きやすいため、一度凍結した後2℃前後の冷水またはグレーズ剤に浸漬することにより皮膜（氷衣：グレーズ）をつくり、空気との接触を遮断します（グレージング）。

　収穫後の青果物をそのまま冷凍すると、保存中に徐々に酵素反応が進行し、品質劣化が起こります。また、解凍すると急激に悪変します。青果物を数十秒間熱湯に通したり、蒸気加熱したりして酵素を不活化するブランチング（湯通し）が有効な手段です。

表 1-7-1　各種食品の凍結点

食品名	凍結点〔℃〕
ホウレンソウ	−0.9
ジャガイモ	−1.7
イチゴ	−1.2
リンゴ	−2.0
牛肉	−1.7
タラ	−1.0
マグロ	−1.3
イワシ	−1.3
バター	−2.2
チーズ	−8.3

図 1-7-2　食品の冷凍温度曲線

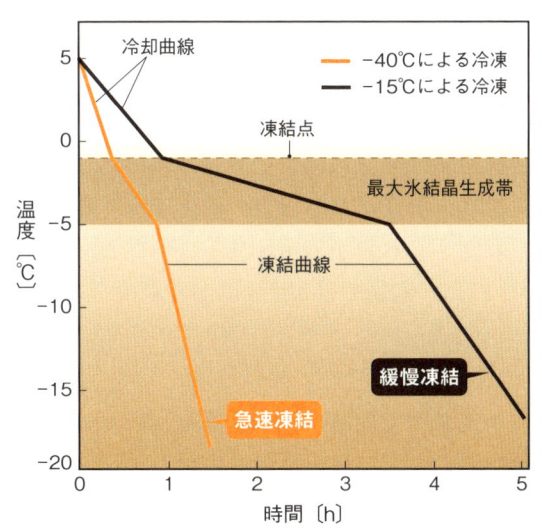

1-8 加熱処理

●静菌、殺菌および滅菌

　微生物による変質は食品保存中に最も起こりやすく、外観を損ねる成分の分解により腐敗を進行させます。特に、食中毒やカビ毒などを起こす病原性微生物汚染は、食品安全上注意すべきです。微生物による腐敗や食品の品質保持のために、静菌、殺菌および滅菌などの方法があります。

　静菌は微生物の増殖を抑制すること、殺菌は病原性微生物を殺すこと、滅菌はあらゆる微生物を完全に刹滅するか除菌により完全に無菌化することです。殺菌には、加熱殺菌と冷殺菌がありますが、食品加工や保存に用いられるのは加熱殺菌がほとんどです。

　食品の加熱殺菌は、1858年にルイ・パスツールにより発見された、63℃、30分間の低温殺菌をはじめ、用途により多数あります（表1-8-1）。また、微生物の熱に対する抵抗性はさまざまであり、殺菌温度は菌の種類により異なります。

　容器詰食品（缶詰）の殺菌で最も大切な条件は食品のpHです。ボツリヌス菌は耐熱性が高く毒素を産生するため、その生育限界のpH4.6を指標としており、それ以下のpH食品（酸性食品）では100℃以下の殺菌、それよりpHの高い食品では100℃以上の殺菌（加圧殺菌）の必要があります。

●加熱殺菌条件の設定

　一定温度で加熱した時の微生物数との関係が一次反応に従うため、加熱殺菌条件の設定には、D値、F値およびZ値などを用います（表1-8-2）。一定温度で加熱した場合、ある微生物数との関係は、縦軸に微生物の生存数の対数値を、横軸に加熱時間とすると、直線が得られます（加熱致死速度曲線）。この場合D値は微生物の耐熱性を示し、一定温度で90％死滅させるのに要する加熱時間（分）を指します。言い換えれば、微生物数を1/10に減少させるのに要する時間です。

また、加熱時間の対数を縦軸とし、加熱温度を横軸とすると、加熱致死時間曲線が得られます。Z値は微生物の致死時間を1/10に減少させるのに必要な温度を指します。さらにF値は加熱致死時間曲線により求めた一定濃度の微生物が、一定温度で死滅するのに要する加熱時間（分）を表します。
　よって、加熱殺菌では、できるだけ高温短時間殺菌が品質の優れた製品製造には求められます。

表1-8-1　加熱殺菌の方法

殺菌方法	内容
熱水・蒸気加熱殺菌	pHの低い瓶、缶、フィルム詰食品を100℃以下の温度で殺菌する場合に用いられ、湯槽に保持したり、シャワー蒸気トンネル中で連続して殺菌する方法
低温殺菌（低温長時間殺菌：LTLT殺菌）	ルイ・パスツールが提唱した方法（パスツーリゼーション）であり、古くから牛乳の殺菌に用いられてきた方法。62〜65℃で30分加熱殺菌する方法
高温殺菌（HTST殺菌）	75℃で15秒間殺菌する方法
超高温瞬間殺菌（UHT殺菌）	液体食品の殺菌に用いられ、120〜130℃で2〜3秒間加熱する方法。わが国の牛乳のほとんどは本法で処理されるが、超高温瞬間殺菌後、無菌充填包装したものをLL（ロングライフ）牛乳という
インジェクション法インフュージョン法	液体食品を直接加熱する方法であり、140〜170℃で0.5〜5秒間の高温殺菌を行う。インジェクション法では蒸気を吹き込み殺菌し、インフュージョン法では蒸気中に液体食品を噴霧する
マイクロ波殺菌	マイクロ波の内部発熱作用を用いた殺菌法
ジュール加熱殺菌	食品中に電流を流し、電気抵抗による発熱により殺菌する方法
赤外線殺菌	食品表面に照射された赤外線が熱に変換され、それにより殺菌する方法

表1-8-2　微生物の耐熱性表示法

表示法		表示例
D値	所定の温度で90％死滅させるのに要する時間（分）	$D_{212}=10$ （212°D、10分で90％死滅）
F値	一定温度で一定濃度の微生物を死滅させるのに要する時間（分）	$F_{232}=15$（※） （232°F、15分ですべて死滅）
Z値	加熱致死時間を1/10に減少させるのに必要な加熱温度変化	$Z=20$ （加熱温度20°F上昇により菌数1/10減少）

※通常F値は250°Fにおける値を示し、その場合には温度を表示しない

1-9 塩蔵・糖蔵・酸貯蔵

●古来より活かされてきた食品保存法

　食塩や砂糖は、古来より使用してきた調味料のひとつですが、食品の保存にも活用されます。これらを食品に添加すると、浸透圧により水分が除去されるため、自由水が減少、すなわち水分活性の低下により、微生物の繁殖や酵素反応が抑制され、保存効果が高くなります。また、微生物は浸透圧により、原形質分離を起こすことによる増殖抑制効果も期待できます。

●塩蔵

　食塩水は強い浸透圧を有します。塩蔵は浸透作用や脱水作用の強い食塩を使用することで水分活性を低下させるだけでなく、塩素イオンの増加による防腐作用や酵素活性の阻害、溶存酸素の減少による好気性微生物の増殖抑制効果も期待できます。一般的に、微生物や病原菌のほとんどは、食塩濃度5％以上では増殖抑制されますが、耐塩性酵母やカビでは、飽和食塩濃度でも死滅しないものもあります。一方、食中毒細菌の腸炎ビブリオ菌は2～3％食塩濃度で最も増殖する好塩細菌であり、加工の目的に応じて使い分ける必要があります（表1-9-1）。

●糖蔵

　一般的に糖蔵に使用される糖類はスクロース（ショ糖）ですが、浸透圧の強さは、分子量の小さいグルコース（ブドウ糖）やフルクトース（果糖）などの単糖類や転化糖が優れています。スクロースの浸透圧は食塩より小さく、同じ濃度では約10分の1程度です。一般に微生物の生育は50％以上のスクロースでほぼ阻止されますが、酵母やカビのなかには好浸透圧性のものもあり、水分活性0.7以下でも生育し、糖を分解し有機酸を生成して食品を品質低下させることもあります。

　代表的な糖蔵食品としてジャムがあります。糖度65～70％はスクロース

飽和濃度であり、保存性が高いですが、近年低糖度ジャムのニーズが高くなっています。一方、果実を濃厚シロップに漬け込み、製品糖度をおよそ60〜73％に仕上げた砂糖漬け製品を糖果といいます。表面にスクロース結晶が析出しているクリスタルと、表面が滑らかなグラッセがあります。

●酸貯蔵

　微生物の生育や酵素反応にはそれぞれ最適なpHがあります。細菌の増殖に最適なpHは7付近であり、pH3.5〜9.5で増殖可能といわれ、下限値が4付近です。pH調節による食品の保存の目的は、酢などの有機酸を添加しpHを4.5以下に下げることにより食中毒細菌ボツリヌス菌や腐敗微生物の生育を抑止することです。また、酵素反応の最適pHをずらすことにより反応を阻害し、酵素を酸により変性させ、食品の保存性を高めています。

　このように微生物増殖抑制効果は、一般的にpHが低いほど高くなりますが、その耐性はカビ＞酵母＞細菌の順です。また、同じpHでは、酸の種類により効果が異なります。食品に関連する有機酸のなかで酢酸は最も抗菌性が高く、続いてクエン酸、乳酸、リンゴ酸、酒石酸の順です。

表 1-9-1　おもな塩蔵品

種類	食塩濃度	食品例
魚類塩蔵品	5〜8%	新巻ザケ、塩ザケ、塩サバ、塩ダラ、塩マス、塩イワシなど
	10〜22%	すきみだら、ニシン、クラゲ、サンマ、ホッケなど
魚卵塩蔵品	7〜18%	イクラ（サケ、マスの卵粒の塩漬け）、キャビア（チョウザメの卵の塩漬け）、塩カズノコ（ニシン卵巣の塩漬け）、たらこ（スケトウダラの卵巣の塩漬け）など
塩辛	10〜15%	イカ（胴、足、肝臓）、ウニ（卵巣、精巣）、カツオ（内臓）、うるか（アユの内臓）、このわた（ナマコの腸）など
野菜類の塩蔵品（漬物）	10〜21%	梅干し、ザーサイ、大根および山ごぼうの味噌漬けなど
	4〜8%	塩蔵しなちく、大根の福神漬け、ナスのしば漬け、たくあん漬け、高菜漬け、オリーブのピクルス、白菜のキムチなど
佃煮	5〜10%	アサリ佃煮、昆布佃煮、海苔佃煮、ふな甘露煮など

食品保存の伝統製法を科学する

　寒天は、テングサやオゴノリなどの紅藻類に属する海藻を煮熟・抽出した多糖類を脱水した食品です。江戸時代、京都伏見の旅館の主人美濃屋太郎左衛門が、冬期にところてんを戸外に置いておいたところ、寒さで凍り、数日間放置したことで自然乾燥し乾物になっていたことが、寒天の製造法発見のはじまりといわれています。

　寒天の種類は大きく分けて、角寒天、細寒天、粉末寒天の三種類があります。また、冬期の低温による凍結・乾燥を活かして製造する天然寒天と、機械を用いて圧搾・脱水する工業寒天に分けることもできます。前者は角寒天と細寒天が、後者には粉末寒天が該当します。

　角寒天の製造法をみてみましょう。原料藻を洗浄し、泥、砂、貝殻などを除去し、長時間かけて寒天を抽出します。これをろ過し、寒天液と海藻残さに分離します。寒天液は冷却・凝固させてところてんをつくります。凍結・融解後乾燥して製品となります。

　一方、工業寒天は、おもにテングサを用いた場合、抽出寒天を凝固したところてんを凍結乾燥（フリーズドライ）により脱水し、熱風乾燥器で乾燥させ粉末化します。オゴノリを用いた場合、油圧器により脱水後乾燥粉砕します。寒天は、食品のみならず、化粧品用、医薬用、工業用ならびに微生物培養試薬用など幅広い用途で用いられています。

第2章

食の加工と成分変化

食品は加工することにより、タンパク質やデンプンなど
食品に含まれるさまざまな成分が変化します。
その変化を積極的に活用し、高品質な加工食品を製造したり、
成分変化による品質の劣化を加工によって防いだりします。

2-1 食品の成分変化

●加熱調理による食味の変化

　私たちは毎日さまざまな食品を食べて生活しています。食肉や魚肉を生で食べると食中毒などの問題が発生する可能性があるため、多くの場合、加熱調理して食します。これにより肉が軟らかく食べやすくなり味も向上します。

　日本人にはなくてはならない食材のひとつ、炊きたてのご飯の場合には、精白米に含まれる生デンプン（βデンプン）は消化が悪く、水を加えて加熱することで吸水し、半透明な粘りのある糊になり（α化）、食味や消化性に優れた飯となります（図 2-1-1）。

●酸化による成分の劣化

　料理に欠かせない食用油はどうでしょうか。揚げ物を調理する場合、食用油を何度も繰り返し使用することもあります。その結果、鼻をつくようなにおいの発生や色の黒ずみ、栄養価の低下、時として毒性まで生じることもあります。酸化といわれる現象です（図 2-1-2）。2-4〜2-5 節で詳しく解説しますが、油脂の酸化機構には、自動酸化、光増感酸化反応、加熱酸化（熱酸化）、酵素による酸化などがあります。

　紅茶は、香りはもとより、赤褐色の色調が魅力的な飲料です。通常、食材に酵素が作用すると品質低下を招きますが、茶葉の発酵過程で作用する酵素作用により、クロロフィルは分解され、カテキン類は酸化重合し、紅茶特有の美しい紅色を呈するようになります。

●品質改良や劣化の防止のため

　酸化を防止することもまた加工技術のひとつで、酸化を促進する因子を除去するために低温保存や暗所保存、あるいは金属キレート剤の添加や真空包装、ガス置換包装や脱酸素剤使用による酸素除去などの加工技術が生まれています（2-5 節参照）。

食品を加工することにより、食品に含まれるさまざまな成分の変化が生じますが、この変化を積極的に活用し、品質改良に用いることで高品質な加工食品の製造が可能となります。一方で、食品加工は品質の劣化を招く場合もあります。

図 2-1-1　加熱吸水によるデンプンの変化

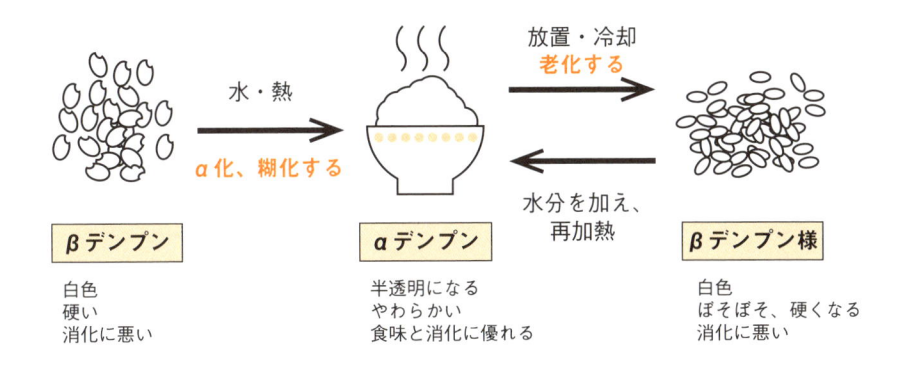

βデンプン
白色
硬い
消化に悪い

水・熱
α化、糊化する

αデンプン
半透明になる
やわらかい
食味と消化に優れる

放置・冷却
老化する

水分を加え、再加熱

βデンプン様
白色
ぼそぼそ、硬くなる
消化に悪い

図 2-1-2　酸化による食用油の劣化

加熱

加熱による熱分解や加水分解
繰り返し使用する

酸化による劣化

油の劣化は、空気・水分の酸素に触れて「遊離脂肪酸」が、油の中に増えて、刺激臭や着色（黒色化）、栄養価の低下などが起きることをいう

2・食の加工と成分変化

2-2 タンパク質の変化

●一次構造から四次構造まで

　タンパク質は、アミノ酸が多数結合（ペプチド結合）したペプチド鎖を基本構造とする窒素を含む高分子化合物です。約20種類の構成アミノ酸のなかでも、リシン、ロイシン、トリプトファン、フェニルアラニンなど、人体で合成できないか、合成できても不足するアミノ酸9種類を必須アミノ酸といいます。これは動物の種類により異なります。通常タンパク質は約50個から数千個のアミノ酸が多数結合したペプチドですが、一次構造から四次構造とよばれる構造により成り立っています。二次構造からは立体的になり、らせん構造やひだ状構造、不規則構造をとっています。二次構造が組み合わさってできあがった球状や繊維状タンパク質を三次構造といい、三次構造が寄り集まって形成したタンパク質を四次構造とよんでいます。

　タンパク質は、ポリペプチド鎖のみから形成する単純タンパク質、ポリペプチド鎖に糖やリン酸などタンパク質以外の成分が結合した複合タンパク質、さらにこれらのタンパク質が物理的・化学的作用を受けて生じた誘導タンパク質に分類されます。また、単純タンパク質は溶液に対する溶解性により（表2-2-1）、複合タンパク質は非タンパク質成分により分類されます。一方、分子形態により、球状ならびに繊維状タンパク質に分けられます。

●タンパク質の変性と調理・加工品の実例

　タンパク質の変性要因としては、加熱や表面張力、凍結などがあり、ゆで卵などの卵調理は加熱によるもので、中国料理などに出てくるピータンなどは、アルカリがタンパク質に変性を与えています（表2-2-2）。

　タンパク質の変性には、可逆的変性（変性要因を取り除くことにより元に戻る）と不可逆的変性がありますが、一般的には後者の変性による調理品が多いとされています。

表 2-2-1 単純タンパク質の溶解性による分類

分類	水	希塩類	希酸	希アルカリ	おもなタンパク質と所在
アルブミン	＋	＋	＋	＋	オボアルブミン（卵白）、ラクトアルブミン（牛乳）、ロイコシン（小麦）、レグメリン（豆類）
	熱で凝固。70～80％アルコールに不溶				
グロブリン	－	＋	＋	＋	オボグロブリン（卵白）、ラクトグロブリン（牛乳）、グリシニン（大豆）、ミオシン（筋肉）
	熱で凝固。70～80％アルコールに不溶				
プロラミン	－	－	＋	＋	グリアジン（小麦）、ホルデイン（大麦）、ツェイン（トウモロコシ）
	70～80％アルコールに可溶				
グルテリン	－	－	＋	＋	グルテニン（小麦）、オリゼニン（米）
	70～80％アルコールに不溶				
ヒストン	＋	＋	＋	±	ヒストン（胸腺）、グロビン（血液）
	濃アルカリに可溶、希アンモニアに不溶。塩基性タンパク質				
プロタミン	＋	＋	＋	＋	サルミン（サケの白子）、クルペイン（ニシンの白子）
	塩基性タンパク質、アルギニンが多い				
硬タンパク質（アルブミノイド）	－	－	－	－	コラーゲン（軟骨、皮）、ケラチン（毛髪、爪）、エラスチン（腱、じん帯）
	通常の溶媒に不溶				

表 2-2-2 食品の調理・加工によるタンパク質の変性実例

変性の要因	調理品・加工品の実例
加熱	ゆで卵、卵焼き、焼肉、ゆば、かまぼこ
表面張力	メレンゲ、淡雪、スポンジケーキ、アイスクリーム
凍結	凍み豆腐
脱水	するめ
酸	ヨーグルト、しめさば
アルカリ	ピータン
金属イオン	豆腐（Caイオン、Mgイオン）

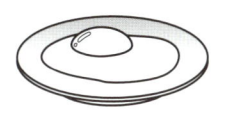

2・食の加工と成分変化

2-3 デンプンの変化

●デンプンは水に不溶な結晶性の粒子

　デンプンは、植物の光合成産物であり、穀類、イモ類、豆類などの貯蔵多糖です。デンプンは、細胞内にデンプン粒として存在し、植物により粒子の大きさや形状が異なり、水に不溶な結晶性の粒子です。ジャガイモやサツマイモなどの地下茎や根にデンプンを貯蔵する地下デンプンと、コメ、麦、トウモロコシなどの種子に蓄積する地上デンプンに分けられます。

　ヒトは光合成できないため、エネルギー源として最も重要な物質です。デンプンは、アミロースとアミロペクチンの混合物であり、種類によりこれらの比率が異なります。例えば、うるち米では、アミロースが約20%を占め、残りはアミロペクチンからなっています。一方、もち米では、アミロースをほとんど含みません（表2-3-1）。日本人はアミロース含量の低いもちもちした食感のコメを好む傾向にあります。

●デンプンの糊化特性

　食品加工においてデンプンの最も重要な性質は、水を加えて加熱することにより粘稠性の糊を形成することです。デンプン粒はある温度を境にして急激に吸水・膨潤を開始します（糊化開始温度、表2-3-2）。さらに加熱し続けると、デンプンのミセルが崩壊し糊になります（糊化またはα化）。この状態のデンプンを糊化デンプン（αデンプン）といいます。これは消化酵素も作用しやすく、消化によいですが、そのまま放置すると、再びミセルを形成し沈殿を生じ、ゲル状になります。これをデンプンの老化（β化）といいます（図2-3-1）。ラピッド・ビスコ・アナライザーという機器を用いて分析すると、デンプンの糊化特性を調べることができます。

　老化したデンプンは硬く、消化酵素の作用を受けにくいため消化に悪く、再加熱することにより軟らかくすることができます。冷や飯や餅を加熱して食するのはそのためです。デンプンの老化は、温度0〜5℃、水分30〜

60％、pH が低い場合に起こりやすいといわれます。特に冷凍食品では、低温安定性に優れたデンプンが求められます。

表 2-3-1　米の品種によるアミロースとアミロペクチンの比率

	もち米	うるち米（ジャポニカ種米）	インディカ種米
アミロース	0	2	10
アミロペクチン	10	8	0

強 ←―――― 粘り ――――→ 弱

表 2-3-2　おもなデンプンの糊化開始温度

	うるち米	小麦	トウモロコシ	ジャガイモ	サツマイモ
糊化開始温度(℃)	70〜80	62〜83	65〜76	55〜65	58〜67

図 2-3-1　デンプンの糊化と老化

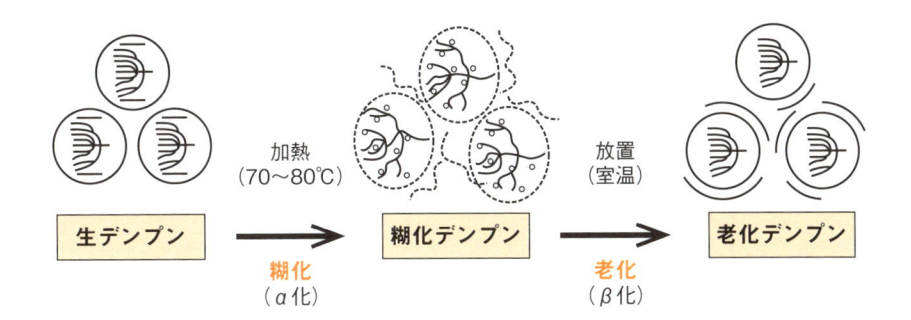

生デンプン　―加熱(70〜80℃)→　糊化デンプン　―放置(室温)→　老化デンプン
　　　　　　糊化（α化）　　　　　　　　　　老化（β化）

2・食の加工と成分変化

2-4 油脂の酸化①

●品質の低下を招く油脂の酸化

　食用油、落花生、魚の干物やインスタントラーメンなどの油脂含量の高い食品は、保存中に異臭発生、変味、着色、粘度増加などの変化を起こし、品質低下や毒性物質を生じる場合もあります（図2-4-1）。そのため、油脂の酸化を防止することが食品の品質保持には重要です。油脂の酸化機構には、自動酸化、光増感酸化反応、加熱酸化（熱酸化）、酵素による酸化などがあります。

●自動酸化

　油脂含量の高い食品を日光のあたる場所に放置すると、鼻をつくような異臭を放つようになります。これは空気中の酸素により油脂が酸化され過酸化物（ヒドロペルオキシド）を生成し、さらに分解を受けることにより低分子化合物（アルデヒドやケトンなど）を生じるためです（図2-4-2）。これを油脂の自動酸化といいます。

　食用油や魚油に含まれるリノール酸、α-リノレン酸、エイコサペンタエン酸（EPA）、ドコサヘキサエン酸（DHA）などの不飽和脂肪酸は二重結合に挟まれたメチレン基をもち、この水素は反応性が高いため水素ラジカルとして引き抜かれやすい性質をもちます。生じた脂肪酸ラジカルは共鳴現象を起こし分子全体に広がり、両端の炭素に酸素がラジカル反応することで、ペルオキシラジカルを生成します。これが別の不飽和脂肪酸を酸化すると同時に、自らはヒドロペルオキシドとなります。この反応は連鎖的に進行し、ヒドロペルオキシドが蓄積します。ここで生成したヒドロペルオキシドは不安定なため、分解してアルデヒドやケトンなどのカルボニル化合物、アルコール、炭化水素、カルボン酸などのほか、重合して多量体を形成し、粘度増加を引き起こします。生成した化合物が揮発性でにおいを有する場合は、酸敗臭（戻り臭）の原因となります。また、自動酸化の進行にともない強い酸敗臭やオフフレーバーを生成します。

オフフレーバーとは、元の食品には含まれず、調理や加工・保存により生ずる望ましくないにおいのことです。自動酸化速度は、油脂の構成脂肪酸に含まれる活性メチレン基数に影響し、EPA や DHA など活性メチレン基数の多い脂肪酸を多量に含む魚油は酸化されやすいです。

図 2-4-1　保存中に起こる酸化による変化

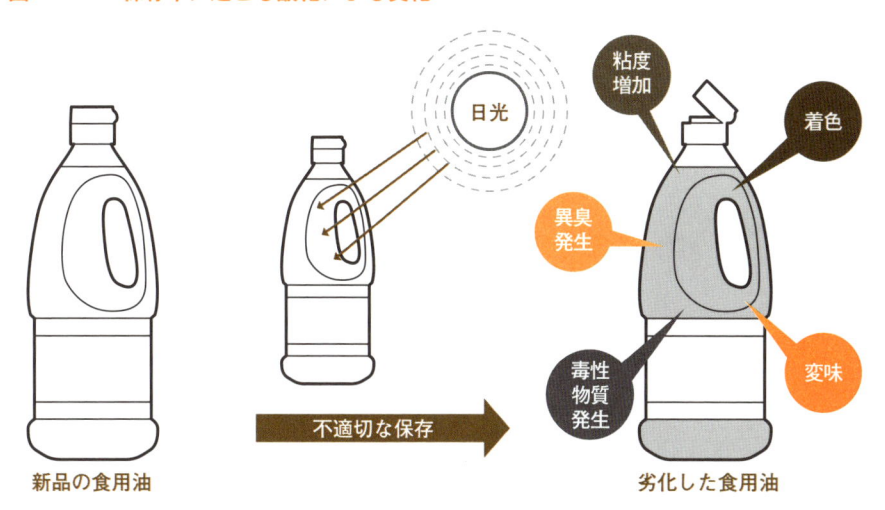

図 2-4-2　油脂の自動酸化

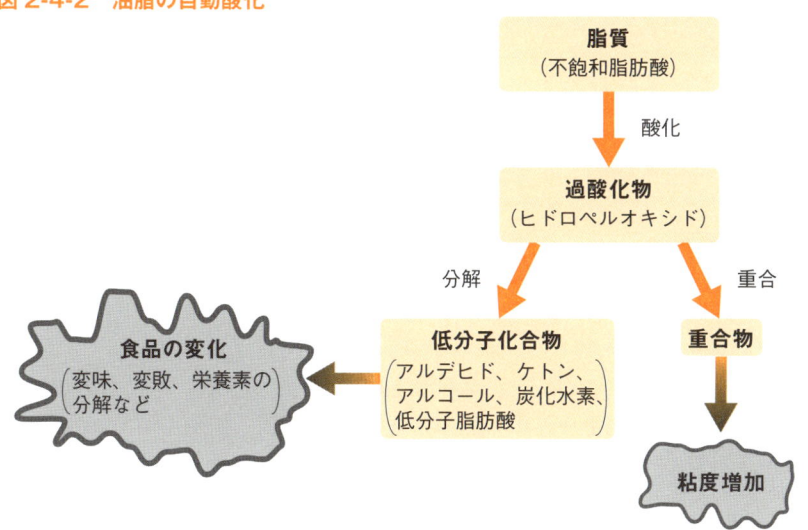

2-5 油脂の酸化②

●光増感酸化反応

　食用油に混在するクロロフィル、食品に含有するタール系食用赤色色素（ローズベンガルやエリトロシンなど）や牛乳に含まれるリボフラビン（ビタミンB_2）などの色素に光が当たると、高エネルギー状態（励起状態）になります。これらはエネルギーをほかの物質に与えて安定な基底状態に戻るとともに、エネルギーを受けた物質は化学反応を起こします。基底状態の酸素がエネルギーを受けて生じた一重項酸素は活性酸素のため、酸化反応が進行することになります。この反応に関与する色素を光増感剤（光増感物質）といい、光増感剤による酸化反応を光増感酸化反応といいます（図2-5-1）。

●加熱酸化（熱酸化）

　油脂を高温（120～180℃）で長時間加熱した場合、自動酸化機構と同様に酸化反応は進行しますが、生じた過酸化物は蓄積せず低分子化合物に分解したり、重合による多量体形成（二次生成物生成）が主反応となります。そのため、自動酸化と区別することが多く、不快臭、泡立ち、着色、粘度上昇や発煙などとして観察されます。揮発性アルデヒドのなかでも、刺激臭をもつアクロレインは加熱酸化油に特徴的な物質であり、揚げ物を食べた時の胸焼け原因物質（生体毒性アルデヒド）です。

●酵素による酸化

　リポキシゲナーゼは不飽和脂肪酸を酸化する鉄含有酵素です。野菜や穀物種子に存在し、大豆などのマメ科植物の種子に多く含まれます。
　リポキシゲナーゼは、大豆油を劣化するばかりではなく、豆乳の青臭みやキュウリの新鮮緑香を生ずる化合物を生成するため、食品加工上問題となる場合もあります。
　酸化を防止するためには、酸化を促進する因子を除去する必要があります。

低温保存、暗所保存、金属キレート剤（クエン酸、リンゴ酸、酒石酸やポリフェノール化合物など）添加、真空包装、ガス置換包装や脱酸素剤使用による酸素除去、さらには、抗酸化剤添加による活性酸素消去などがあげられます（表 2-5-1）。

図 2-5-1　光増感酸化反応の原理

| 高エネルギー状態（励起状態） | クロロフィルタール系色素 | 光のエネルギーを受け活性化する | $^1O_2$ | 放出されたエネルギーによって活性化する |

一重項酸素

光　　エネルギー放出　　活性酸素のため酸化が進む

| 基底状態 | クロロフィルタール系色素 | | $^3O_2$ |

光増感剤（光増感物質）　　三重項酸素

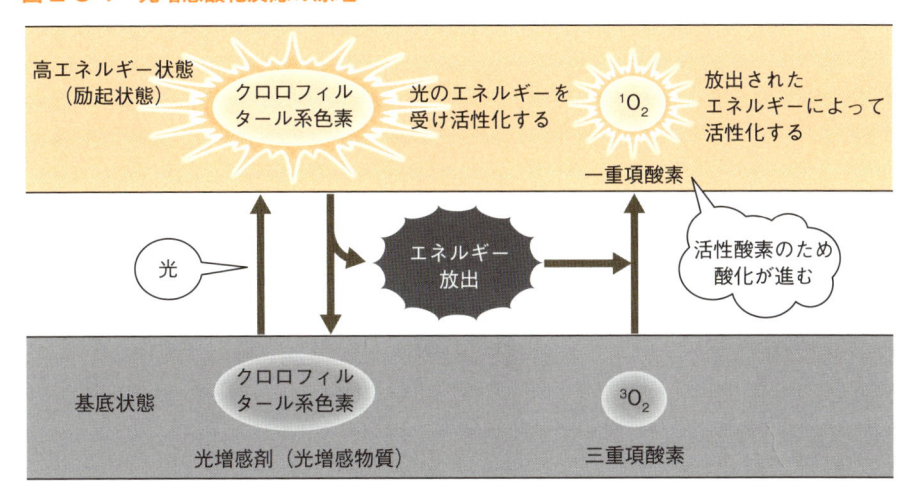

表 2-5-1　さまざまな酸化防止方法

酸化防止法	効果
低温保存	酸化速度を抑制
暗所保存	光酸化の防止
金属キレート剤添加	水中に含まれる金属イオンによる障害を防止
真空包装	食品が空気に触れることを防ぐ
ガス置換包装、脱酸素剤使用	酸素除去
抗酸化剤添加	活性酸素消去
酸化防止剤の使用	食品に添加して、直接酸化を防止する

2-6 褐変と褐変の防止策

●褐変反応

　食品の調理、加工、保存中に、その色調が変化して褐色に着色する現象があります。これを褐変とよび、この変化に関する化学反応を褐変反応といいます。褐変反応には、酵素が関与して起こる酵素的褐変反応と、酵素が関与しない非酵素的褐変反応に分けられます。褐変反応は食品への着色のみならず、香気生成の面からも重要です。

●酵素的褐変反応

　リンゴ、ジャガイモ、モモ、ヤマイモなどを切断したり、皮をむいて放置すると褐変します。これは組織が損傷を受けると、フェノール性化合物が酵素により酸化され、褐色色素メラニンを生じるためです。この着色反応を、酵素的褐変反応といいます（図 2-6-1）。反応を触媒する酵素はポリフェノールオキシダーゼと総称されます。ポリフェノールオキシダーゼは、カテキン類、p-クマール酸、カフェ酸、クロロゲン酸、チロシン、ドーパなどのさまざまな基質と反応するため、基質により異なる色調を与え、食品の品質低下を招きます。そのため、ポリフェノールオキシダーゼによる褐変反応を抑制する必要があります。①加熱処理により酵素を不活性化する、②クエン酸や酢酸などを添加して pH3 以下にし、酵素反応を抑制する、③還元剤（アスコルビン酸、システイン、グルタチオン、亜硫酸など）を添加して反応を阻害する、④食塩などの阻害剤を添加するなどがあげられますが、完全に阻止する方法はありません。

　一方、酵素的褐変反応を積極的に活用した食品として紅茶の製造があります。茶葉に多く含まれるエピカテキンやエピガロカテキンなどに作用し、赤橙色のテアフラビンを生成しますが、紅茶の魅力的な色調として重要です（図 2-6-2）。

図 2-6-1　酵素的褐変反応の流れ

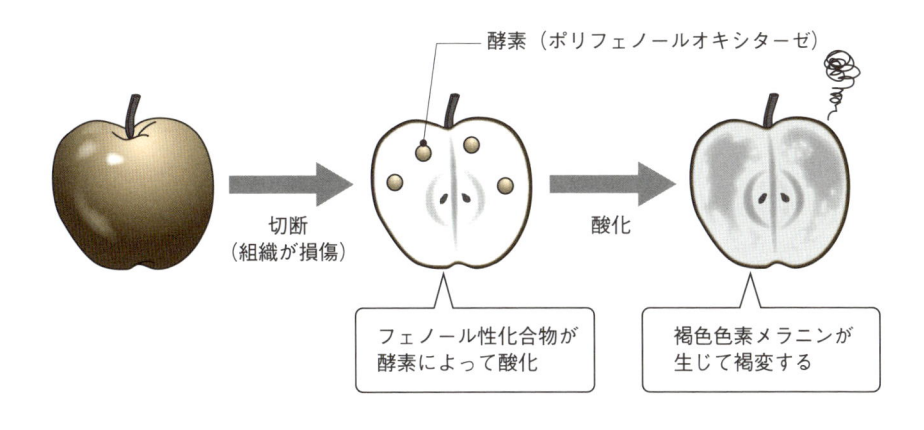

切断（組織が損傷） → 酵素（ポリフェノールオキシターゼ）／フェノール性化合物が酵素によって酸化 → 酸化 → 褐色色素メラニンが生じて褐変する

図 2-6-2　紅茶の製造

新鮮な茶葉

- 加熱処理 → 加熱による酵素の不活性化 → 緑茶（茶葉本来の色）
- 細胞を破壊 → 茶葉のポリフェノールが酵素によって酸化 → 抗菌性の強い色素（テアフラビン）生成 → 紅茶（褐色）

2・食の加工と成分変化

●非酵素的褐変反応

酵素が関与しない非酵素的褐変反応には、大きく3つの反応があります。

①アミノ・カルボニル反応

パンや焼菓子の焼成、コーヒー製造における焙煎、味噌や醤油製造ならびに醸造など、多くの加工食品の製造において、好ましい褐色の色調や香ばしい香りが生成されます。このような食品の加工製造や貯蔵、調理時の加熱工程で起きる褐変を、アミノ・カルボニル反応（最初の研究者名をとって、メイラード反応ともいう）といいます。アミノ・カルボニル反応の生成物である褐色色素メラノイジンは、抗酸化性、活性酸素捕捉、抗変異原性、発ガン抑制、抗菌性などの有用機能性を有しますが、必須アミノ酸リシンの損失による栄養価低下や、反応中間体ジカルボニル化合物は変異原性を示すため、プラスとマイナスの面をもっているのです。一般的に、初期、中期、後期の三段階に分けて説明されますが、中期段階で生成した$α$-ジカルボニル化合物と$α$-アミノ酸がストレッカー分解反応し生成するアルデヒド類やピラジン類は、加熱食品に香ばしい香りを付与します。これを加熱香気（焙焼香）といいます（図2-6-3）。食品を焙焼した時の香りは、アミノ酸の種類により異なります。

②カラメル化反応

糖を高温で加熱すると溶解後赤褐色から暗褐色に変化する反応を、カラメル化反応といいます。キャラメルをつくる時と同じ反応です。カラメル化反応では、着色だけではなく香気の生成がともないます。グルコース（ブドウ糖）からはヒドロキシメチルフルフラールやフルフラールが、スクロース（ショ糖）からはシクロテンが生成するといわれます。

③アスコルビン酸の酸化

アスコルビン酸は酸素酸化によりデヒドロアスコルビン酸になり、加水分解を受けて2,3-ジケトグロン酸（$α$-ジカルボニル化合物）に変化します。デヒドロアスコルビン酸は$α$-アミノ酸と反応して褐変します。また、アスコルビン酸や$α$-ジカルボニル化合物からも、複雑な反応を受けて褐変することがわかっています。

●褐変の防止策

褐変は、食品の品質低下を起こす反応でもあり、その防止法を知る必要があります（表2-6-1）。

図2-6-3　アミノ・カルボニル反応の行程

カルボニル化合物
単糖類、二糖類、オリゴ糖、脂肪酸から生じるカルボニル化合物

＋

アミノ化合物
タンパク質、アミノ酸、アミン類、アンモニアなど

脱水縮合 → グリコシルアミン（窒素配糖体） → シッフ塩基 → アマドリ転位反応 → アマドリ転位生成物　【初期】

アミノ酸

ストレッカー分解：α-アミノ酸 ＋ α-ジカルボニル化合物　【中期】

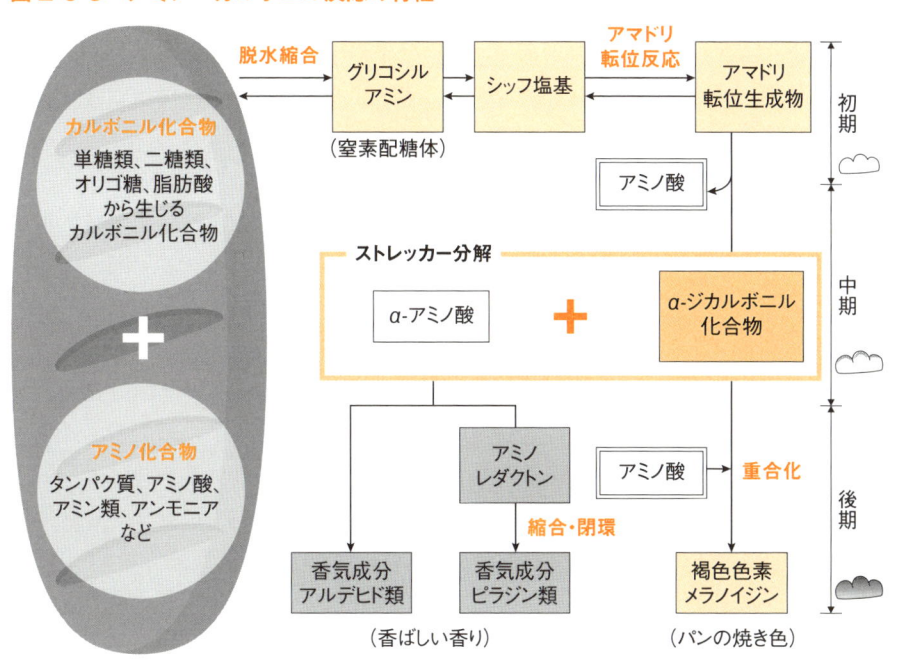

アミノレダクトン
↓ 縮合・閉環
香気成分 アルデヒド類（香ばしい香り）
香気成分 ピラジン類

アミノ酸 → 重合化 → 褐色色素 メラノイジン（パンの焼き色）　【後期】

表2-6-1　褐変の防止策

方法	理由	おもな食材
水に浸ける	空気中の酸素と接触しないようにする	ジャガイモ、サツマイモ、ナス
食塩水に浸ける	反応を阻害する	リンゴ
酢水（酸性の水溶液）に浸ける	酵素反応が起こらないようにする	ジャガイモ、サツマイモ、ナス
レモン汁（還元剤）に浸ける	酸化をとめる	バナナ、アボガド
加熱する	酸化酵素を失活させる	

⚠️ 食物アレルギー

　気管支ぜんそく、アレルギー性鼻炎、アトピー性皮膚炎は三大アレルギー疾患といわれてきましたが、近年特定の食物摂取が原因でアレルギー症状を引き起こす食物アレルギー有病率が、日本でも諸外国においても増加しており、社会問題となっています。食物アレルギーとは、食物摂取後免疫を介してじん麻疹、湿疹、下痢、咳、喘鳴などの症状を引き起こす疾患を指します。摂取後2時間以内に症状が出現する即時型食物アレルギーのなかでも、最重症のものを食物アナフィラキシーといいます。血圧低下、呼吸困難や意識障害などの重篤な症状を指し、生命に関わる状態に至る場合（アナフィラキシーショック）もあります。

　食物アレルギーは、小児（特に乳幼児期）に発症する鶏卵、乳製品、小麦などのアレルギーを想起することが多いかもしれませんが、乳児期と成人で発症する原因食物や病態が大きく異なります。成人において発症頻度の高い原因食物は、果物や野菜（リンゴ、さくらんぼ、大豆、メロンなど）です。続いて小麦アレルギーであり、鶏卵や乳製品では低くなっています。成人の果物や野菜アレルギーは、これらの食品を日常的に摂取するため発症するのではなく、原因は花粉症にあるといわれています。花粉症アレルゲンと類似構造をもつアレルゲンが果物や野菜に存在することがわかっています。シラカンバやハンノキ花粉アレルゲンタンパク質に構造が類似する物質がリンゴ、モモ、大豆中にも存在するため交差反応を起こし、花粉症患者の一部がこれらの食物を摂取した際、口唇腫脹、咽頭のかゆみ、咽頭浮腫、アナフィラキシーをきたす場合が報告されています（口腔アレルギー症候群）。また、小麦を食べた後に運動した場合のみ発症する食物依存性運動誘発性アナフィラキシーがあります。一方、ラテックス製手袋を使用することの多い医療従事者の、経皮的感作によるラテックスアレルギーは昔から知られていますが、ラテックスアレルゲンに類似したアレルゲンをもつバナナ、キウイ、アボガド、クリなどを食することにより発症する食物アレルギーもあります。

　厚生労働省は平成14年4月よりアレルギー物質を含む加工食品への表示を義務付けし、食物アレルギーによる事故を未然に防止するように対応を進めています。

第3章

新たな加工技術を用いた食品加工

戦後、日本の食品業界は、加工・包装・流通において
画期的な技術革新に取り組んできました。
世界にも類をみない新商品を食卓に送り届けて
国民のライフスタイルも一新させています。
本章では、新しい食品加工技術を紹介しています。

3-1 進化を続ける食品加工技術

●新しい加工技術によって誕生した新商品

　新しい食品加工技術として、急速凍結技術、レトルト技術（3-2節参照）、高圧加工技術（3-3節参照）、真空凍結乾燥技術（3-4節参照）、過熱水蒸気技術（3-5節参照）、超臨界ガス抽出技術（3-6節参照）、湿式微細化技術（3-7節参照）、成形技術（3-8節参照）、膜分離技術（3-9節参照）、凍結含浸法（3-10節参照）などがあげられ、多種多様な新商品をつくり続けてきました。例えば、高圧加工技術により無菌ジャムや無菌米が開発されました。真空凍結乾燥技術では、インスタントスープの具材やインスタントコーヒーがつくられています。さらに過熱水蒸気技術では野菜ペーストや蛸の加工品が、膜分離技術により低温濃縮ジュースがつくられています（図3-1-1）。

　また、加工技術と併行して包装技術も進歩し、無菌充填技術や新規機能性フィルムを活用した新たな食品創製にもつながっています（5-2、5-3節参照）。常温で長期間保存可能なLL牛乳やジュース、レトルト食品の製造など、新しい加工食品の開発と結びついてきました。さらに、流通技術開発も行われ、冷凍・冷蔵保管技術、配送システム開発、輸送包装技術の発展により、加工食品の速やかかつ安全な広域配送が可能となり、新商品開発を後押ししています。

●新素材の開発

　食品開発においては新技術による完成品のほか、近年は農山漁村の六次産業の創出という観点から、新品種の高品質な国産原料を用いて機能性成分を含む食品の素材開発、あるいは一次加工品の開発に取り組むケースも増えてきました。例えば、ポリフェノールの一種であるアントシアニンを多く含むサツマイモの新品種を開発し、それを原料とした機能性食品の開発が行われたり、眼病の加齢黄斑変性症の予防効果が高いとされるルテインや血糖値上昇抑制効果のあるポリフェノールの一種、トリカフェオイルキナ酸を含む野

菜などの栽培が行われています。水稲でも、血圧上昇抑制の効果が認められている GABA を含んだ発芽玄米となる米なども開発されています。

図 3-1-1　新しい加工技術による新商品の例

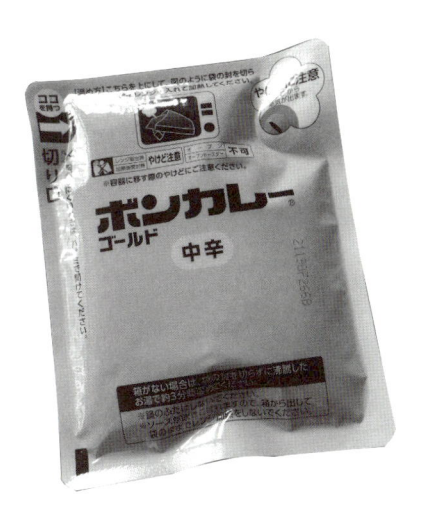

レトルト技術によってつくられた
レトルトカレー（電子レンジ対応パウチ）

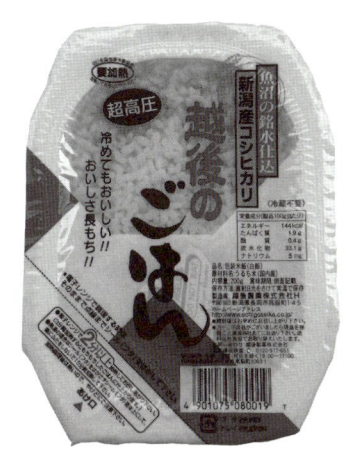

高圧加工技術によってつくられた無菌米

（写真提供：越後製菓株式会社）

真空凍結乾燥技術によってつくられたインスタント味噌汁

過熱水蒸気技術によってつくられた野菜ペースト

（写真提供：株式会社パイオニアジャパン）

3-2 レトルト（加圧加熱殺菌）技術

●レトルトの意味

　レトルトとは、もともと蒸留釜という化学用語ですが、一般的には加圧加熱殺菌を意味しています。レトルト殺菌に使用される袋をレトルトパウチ、殺菌された食品をレトルト食品とよんでいます。

　レトルトは常温流通が可能なことから、ほかの加工食品と比較して、安全性、栄養価、保存性、利便性、経済性などの点で優れ、家庭消費のほかに、ホテル、レストラン、飲食店、喫茶店などの外食産業向け、学校、工場、病院などの集団給食用として、さらに場所や季節を問わず災害時においても重宝し、必要に応じて利用できます。

●レトルト食品の製造工程

　レトルトカレーを例に製造工程を図3-2-1に示します。市販のレトルト食品では、内容物をレトルトパウチや容器に詰め、密閉シールした後、「中心温度120℃4分相当以上」の加熱処理を行っています。これは、食品衛生法で定められています。温度を上げると殺菌時間は飛躍的に短くなります。120℃を超える温度で加熱するために蒸気や加圧熱水を利用しています。

　加熱するためのレトルト装置にはバッチ式と連続式があります。バッチ式は加熱蒸気を利用する蒸気式と、加圧過熱水を用いる熱水式がありますが、おもに熱水式が使われます。また、製品がレトルト釜で固定された静置式、時間短縮や加熱ムラを防止するため製品を回転させる回転式などさまざまです（図3-2-2）。さらに、真空包装できない食品用の熱水シャワー式や、熱水式とシャワー式を併用することにより、多品種対応の装置も開発されています。

　冷却時には袋内圧が高くなって破袋することから、加熱時以上に加圧し、圧力調整しながら冷却する必要が出てきます。また、レトルト食品は、高温に耐えるプラスチックフィルムとアルミ箔などを積層したパウチを用いて密

封するために、ピンホールや破裂などの原因となる衝撃をあたえないように注意する必要があります。

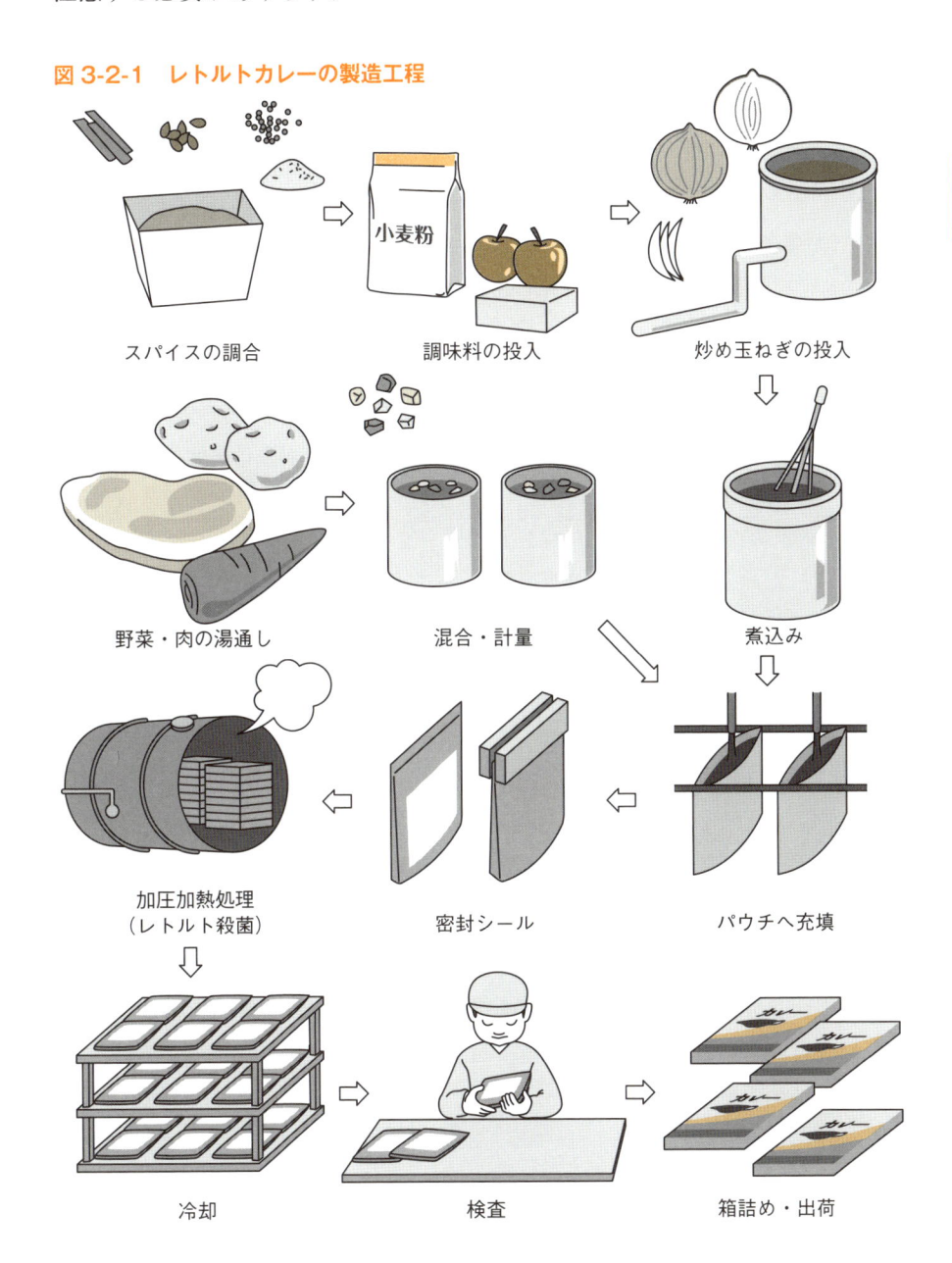

図3-2-1　レトルトカレーの製造工程

スパイスの調合　→　調味料の投入　→　炒め玉ねぎの投入

野菜・肉の湯通し　→　混合・計量　　　　　煮込み

加圧加熱処理（レトルト殺菌）　←　密封シール　←　パウチへ充填

冷却　→　検査　→　箱詰め・出荷

●レトルトによる殺菌効果

　一般的に、細菌を死滅させるのに要する加熱時間は、加熱温度が高くなるにつれて対数的に減少します（1-8節参照）。10℃の温度上昇により死滅速度が10倍となるとした場合、20℃の上昇で100倍の効果が見込まれます。対象となる細菌の特性と内容物の品質保持を考慮して、レトルト殺菌に最適な温度と時間を設定します。

　食中毒細菌のなかでも大腸菌O-157は75℃、1分間の加熱で死滅し耐熱性は低いのですが、ボツリヌス菌の芽胞は耐熱性があり、酸素の存在しない条件で増殖可能で、さらに食中毒となった場合致死率も高いため、ボツリヌス菌の芽胞を死滅させるのに必要な加熱条件を基準としています。芽胞は120℃ 4分（F値=4）で死滅することが知られています。表3-2-1に、レトルト殺菌温度、芽胞致死時間ならびに食品成分残存率を示します。一般的に120℃、30〜60分加熱処理されますが、105〜115℃殺菌のセミレトルトや130℃以上で殺菌するハイレトルト処理も行われています。このようにレトルト殺菌した食品は商業的な無菌状態となるため、常温による流通が可能となります。しかし、細菌によってこれらの条件で加熱殺菌しても完全に死滅しない場合もあり、商業的無菌状態とするためには安全度を考慮してF値=5〜10と設定します。

● レトルトに向くもの、向かないもの

　レトルト殺菌の特性から、すべての食材や加工に適するわけではありません。カレーやシチューなどの煮込みタイプはレトルトに適しています。一方、炒め物、焼き物、和風、白物製品、緑黄色野菜などは適しません。

　レトルトは、密封後高温加熱するため、色調や香り、食感が変化（劣化）してしまいます。近年、これらの問題を解決するための原料加工技術や製法技術の改良により品質向上しており、ホワイトソースなどの品質の高い製品も製造されます。

図 3-2-2　おもなレトルト装置

蒸気式静置レトルト
製品をレトルト釜に固定し、過熱蒸気で殺菌

熱水式回転レトルト
加圧された熱水で製品を回転させて殺菌

（写真提供：株式会社日阪製作所）

表 3-2-1　殺菌温度と芽胞致死時間・食品成分残存率

温度	芽胞致死時間	食品成分残存率
100℃	400 分	0.7%
110	36	33
120	4	73
130	30 秒	92
140	4.8	98
150	0.6	99

ボツリヌス菌の芽胞致死時間は、加熱温度の影響を受ける。加熱温度が高いほど致死時間は短縮されるが、熱劣化による食品成分の損失は大きい。高温短時間殺菌は、芽胞の致死時間の短縮と食品成分の劣化を抑制し、食品成分の残存率は高くなる

3・新たな加工技術を用いた食品加工

3-3 高圧加工技術（超高圧加工技術）

●最大7,000気圧で加工

　おもな食品の調理・加工法では熱を使用することが多いですが、3-2節で取りあげたようなレトルト殺菌、圧力釜、真空調理などの圧力を用いることもあります。特に本節で取り扱う圧力は2,000～6,000気圧、最大で7,000気圧という想像を絶する静水圧を食品へ施し加工しようとするものです。

　水中では、水深10mごとに約1気圧上昇するといわれます。世界で最も深いマリアナ海溝（水深約1万m）でも1,000気圧ですから、最大で7,000気圧というのはいかに超高圧による処理であることがわかると思います。

　わが国では、1987年に食品への高圧加工技術が提唱され、1990年に世界初の超高圧加工食品としてジャムが商品化され、その後ジュースや無菌包装米飯が市販されました。

●高圧加工技術の加工事例

　穀類などの低密度の物質を液体に浸漬後高圧をかけると、内部まで液体を均一に浸透させることができます（高圧液体含浸）。米粒に200MPa下で水を含浸させた後、通常炊飯した高圧浸漬レトルトパック米があります。製精白米、玄米、八穀米の製品が販売されています。米粒の中心部まで均一に水が染み込み、米物全体が均一に糊化されるため、高圧浸漬レトルトパック米を電子レンジで加熱した場合、老化したデンプンの再糊化が通常の浸漬米より優れています。玄米に高圧加工処理した場合、白米米飯と比較し消化性が向上するため、高齢者や病者用の食事にも応用可能です。また、米の低アレルゲン化にも有効であることがわかっており、低アレルゲン米の製造に用いられています。

　加工用の生ガキの生産は、熟練した打ち子が専用器具を用いて貝柱をはがして身を取り出していますが、殻の破片混入などの問題もあり、X線検知を行う必要があります。200MPa数分間高圧処理すると貝が開き、振るだけで

生と遜色ない身を取り出すことが可能です。これにより、殻の破片混入や作業効率の大幅な向上が期待できます。

　果実を用いたジャム製造において、加熱処理では色調や風味が低下し、栄養成分も減少しますが、高圧加熱処理では加熱により引き起こされる褐変が起こらず、微生物も殺菌されます。

　図3-3-1に加工事例とおもな効果を示します。

図3-3-1　加工事例とおもな効果

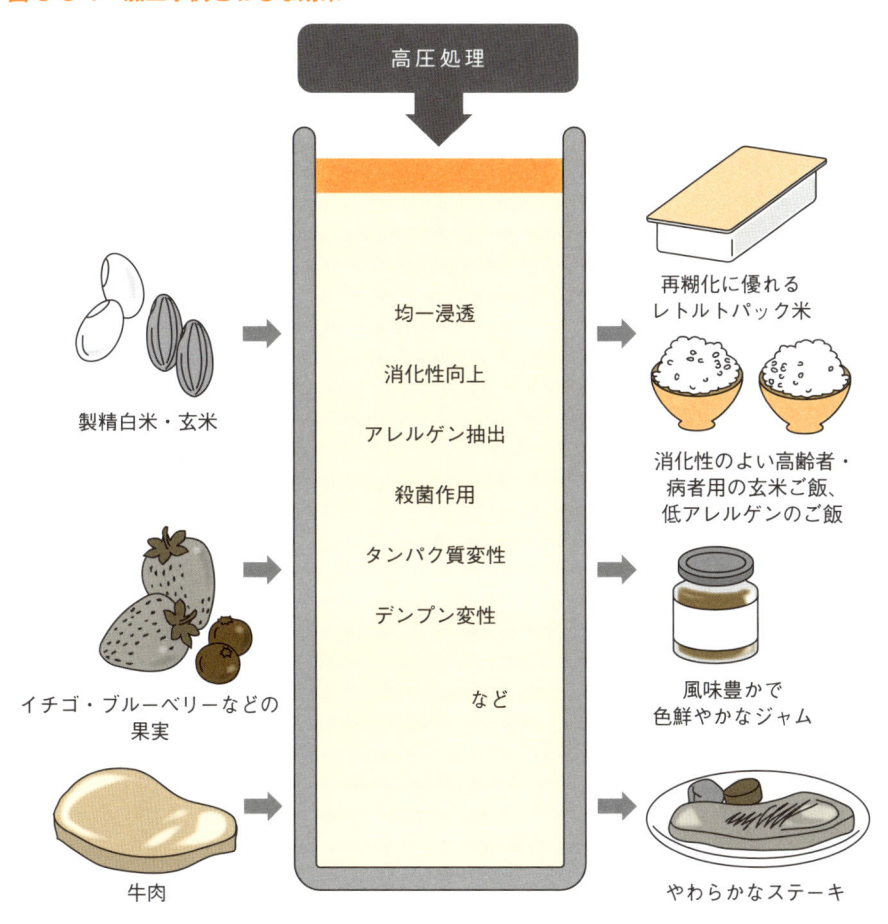

高圧処理

製精白米・玄米 → 均一浸透／消化性向上／アレルゲン抽出／殺菌作用／タンパク質変性／デンプン変性　など
→ 再糊化に優れるレトルトパック米
→ 消化性のよい高齢者・病者用の玄米ご飯、低アレルゲンのご飯

イチゴ・ブルーベリーなどの果実 → 風味豊かで色鮮やかなジャム

牛肉 → やわらかなステーキ

●高圧加工技術の特徴

　食品を加熱処理する場合、食品成分中の官能基がほかのそれらと反応することにより生成物を産生したり、有用成分が損失するなどの化学反応を起こします。一方、高圧処理では物理的変化が中心となり、タンパク質の変性、酵素の失活や反応の制御、デンプンの糊化、脂質の乳化、液体の含浸、組織の結着や破壊の減少など、加熱処理では得られない高品質な食品開発が可能となります。

　食品の高圧処理は、食材本来の色調、香り、栄養素の損失防止だけではなく、有害物質の生成抑制や微生物の不活性化、さらには短時間での食品内部への処理効果達成など優れた加工技術として注目されており、食品の物性制御技術を活用した高齢者用食品や嚥下咀嚼しやすい食品開発につながるかもしれません。

　超高圧加工処理は加熱処理と比較し、食品の高付加価値化を実現し、長期保存可能な食品製造により、流通コストや廃棄率の低減などのコスト削減につながり、新たな用途開発の可能性を秘めています。図3-3-2に食品高圧技術の種類を示します。

図3-3-2　高圧加工技術の種類

ピストン直圧式 / 外部昇圧式昇圧システム

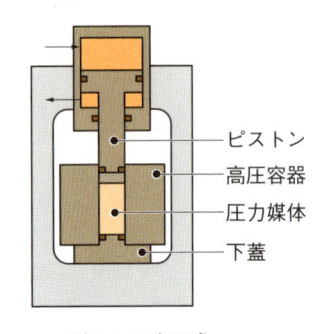

ピストン直圧式
高圧容器にピストンを押し込んで圧力媒体（圧媒）を直接圧縮するもので、おもに500MPa（1MPa≒0.987気圧）超の装置で使われる

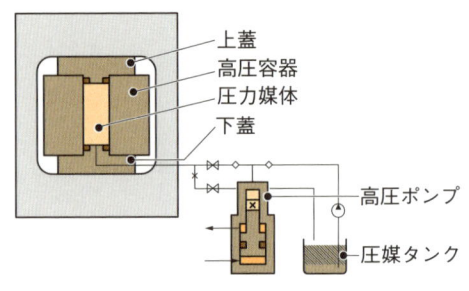

外部昇圧式
高圧容器に高圧ポンプで圧媒を送り込んで昇圧するもので、おもに500MPa以下の装置で使われる

液状食品直接処理システム

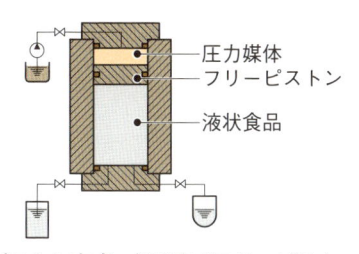

フリーピストン方式：処理室がフリーピストンで2室に分割されており、一方に処理食品を、もう一方に圧力媒体を充填する。圧媒側を高圧ポンプで加圧するとピストンが押されて、これを介して処理食品が加圧される

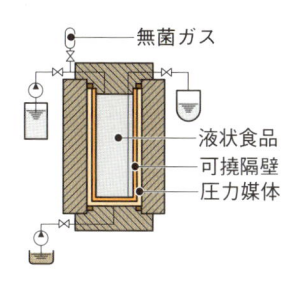

可撓隔壁方式：処理室が可撓性の隔壁で2室に分室されており、内部室に処理食品を、外部室に圧媒を充填する。圧媒側を高圧ポンプで加圧すると可撓隔壁が内部に押されて、可撓隔壁を介して処理食品が加圧される

連続処理システム

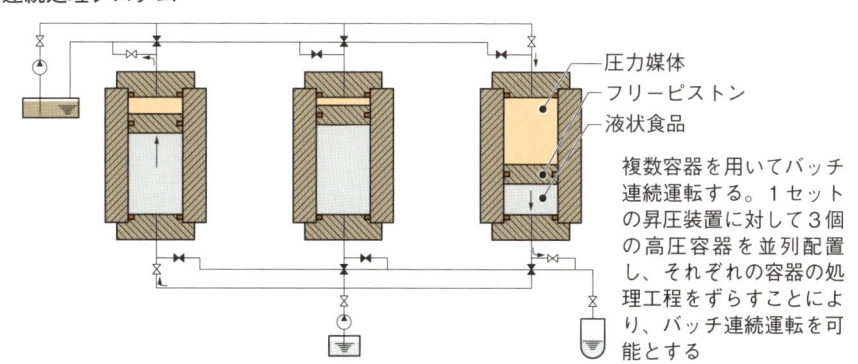

複数容器を用いてバッチ連続運転する。1セットの昇圧装置に対して3個の高圧容器を並列配置し、それぞれの容器の処理工程をずらすことにより、バッチ連続運転を可能とする

乾式処理システム

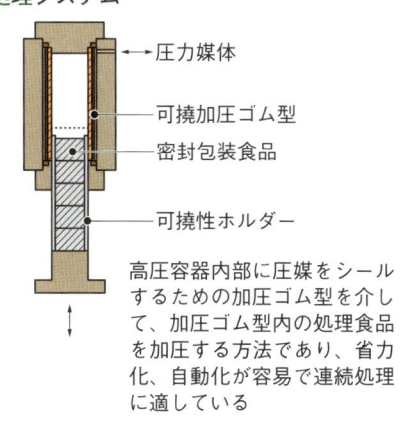

高圧容器内部に圧媒をシールするための加圧ゴム型を介して、加圧ゴム型内の処理食品を加圧する方法であり、省力化、自動化が容易で連続処理に適している

差圧回収システム

ひとつの容器の減圧工程で排出される高圧の圧媒を、もうひとつの容器の加圧に使用することにより、サイクル時間の短縮、省エネルギー、設備費圧縮が実現できる。圧力400MPa、処理室容積130Lの容器2個を1セットの昇圧装置と組み合わせる生産用設備であり、加圧に要する時間を通常システムの半分程度に短縮し、4分のサイクル時間を実現している

3・新たな加工技術を用いた食品加工

3-4 真空凍結乾燥(フリーズドライ)技術

●復元性に優れた乾燥技術

　1-4節で取りあげた熱風乾燥法では、食品が高温にさらされるため熱変性を起こしやすく、乾燥食材の品質が乾燥前後で著しく変化します。
　一方、真空凍結乾燥法は、真空中で食品の共晶点以下の温度を保持しつつ乾燥（昇華乾燥）し水分を除去する方法です。乾燥工程中、食品の水分は液状水の状態で移動することはないので、食品表層部に溶質の濃縮は起きにくいのです。また、熱風乾燥法と比較して低温条件下で乾燥するため、食品の熱変性や化学変化が抑制されます。乾燥食品は多孔質構造となり、加水による復元性が優れており、容易に喫食可能な状態に復元することができ、インスタントスープの具材やインスタントコーヒーの製造など、さまざまなフリーズドライ食品の開発につながっています。

●真空凍結乾燥の原理

　真空凍結乾燥は、食品中に含まれる水分を氷結晶化し、真空条件下昇華により水分を水蒸気に変換し、コールドトラップで捕集・除去することにより、固形分のみの乾燥食品を製造するプロセスです（図3-4-1）。純水の三重点近傍の相図をみると、通常の熱風乾燥法（大気圧下）における食品中の水分の相変化は、P1からP2へのプロセスであり、食品中の水分は、氷─液状水─水蒸気という形で食品中を流動します（図3-4-2）。一方、昇華では、Q1からQ2へのプロセスで表され、固相から気相への相変化は三重点以下の圧力条件下で昇華潜熱の供給により生じます。昇華潜熱は食品表層部へ幅射し、底面の加熱棚から伝導により供給され、凍結層と乾燥層を通過し昇華面で潜熱として消費されます（図3-4-3）。ここで発生した水蒸気は、乾燥層を通過し外部のコールドトラップに凝結されます。乾燥層での残留水分の乾燥も進行すると同時に、凍結層が消滅し乾燥が終了します。真空凍結乾燥の乾燥プロセスは比較的低温で加熱するため、食品のもつ色彩や成分の熱変性が抑制

され、色調、香り、味、ビタミン類などの栄養成分も保持されます。一方、吸湿性が強く、酸化しやすい、組織が脆いなどの欠点もあり、包装材の選抜、真空包装、ガス置換包装、脱酸素剤の封入などの処理が必要となります。

図 3-4-1　真空凍結乾燥のプロセス

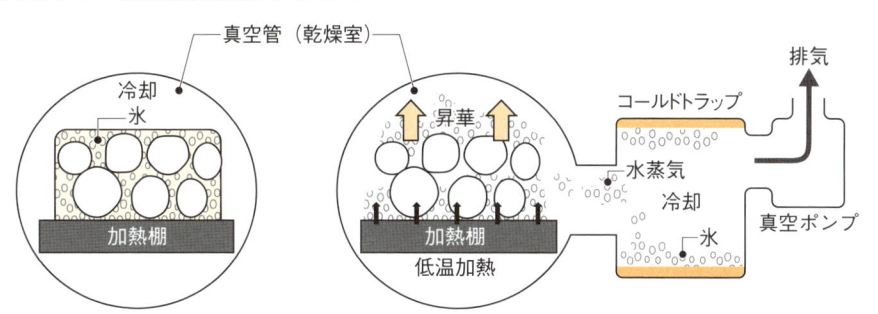

食品を冷却して含まれる水分を氷結晶化する

乾燥室を真空にすると、沸点が下がり食品中の水分（氷）が昇華してコールドトラップに移動する。また、昇華を活発にするため、低温加熱する

図 3-4-2　三重点近傍の相図（純水）

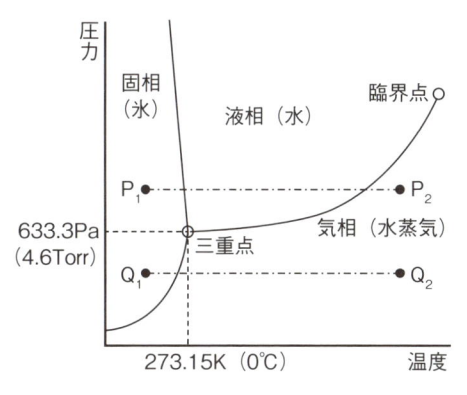

図 3-4-3　凍結乾燥プロセスにおける昇華面の後退

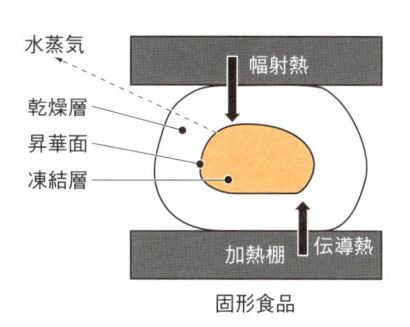

3・新たな加工技術を用いた食品加工

3-5 過熱水蒸気技術

●スチームオーブンレンジの技術

「水で焼く」というキャッチコピーで注目された家庭用食品調理器具のスチームオーブンレンジは、過熱水蒸気技術を応用しています。

過熱水蒸気は常圧100℃の飽和水蒸気をさらに加熱した超高温の蒸気であり、無色透明の気体です。100℃において1kgの水は100kcalのエネルギーをもっていますが、蒸発させると639kcal（約6.4倍に増大）のエネルギーをもつようになります。

さらに加熱した過熱水蒸気は、熱容量が高く、特に500～1,000℃の高温では同温度の熱処理能力と比較し大幅に優れています。

また、過熱水蒸気中には酸素がほとんど存在しないため、食品の加熱、焙煎、殺菌時において発ガン物質や過酸化脂質の生成などを抑制し、品質劣化を防止することができます。

●過熱水蒸気の特徴

一般的なオーブンでは、高温空気は加熱対象物に接触することにより熱伝導する対流伝熱により加熱されます（空気の比熱0.24cal/g/℃）。過熱水蒸気は、対流伝導（水蒸気の比熱0.48cal/g/℃）と対象物表面で凝縮する時に生ずる凝縮伝熱（539cal/g）により加熱されます。そのため、対象物に大量の熱を付与し、急速加熱が可能です。また、低温領域において優先的に凝縮する特性を有しており、加熱ムラを防止することができます。

過熱水蒸気は食品に接触すると、速やかに凝縮することにより食品表面に凝縮水が付着するとともに、凝縮熱による大量の熱が伝達されます。

食品から水分蒸発に続き、復元を経て乾燥が始まります。このため、高温空気と異なり、加熱水蒸気処理では、食品内部は水分を保持し、表面をパリッと仕上げることができます（図3-5-1）。

図 3-5-1　過熱水蒸気と高温空気

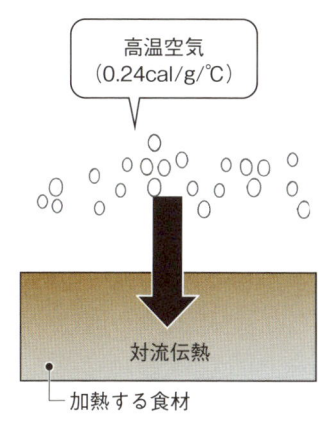

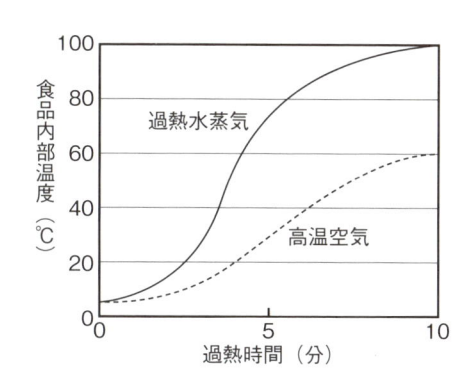

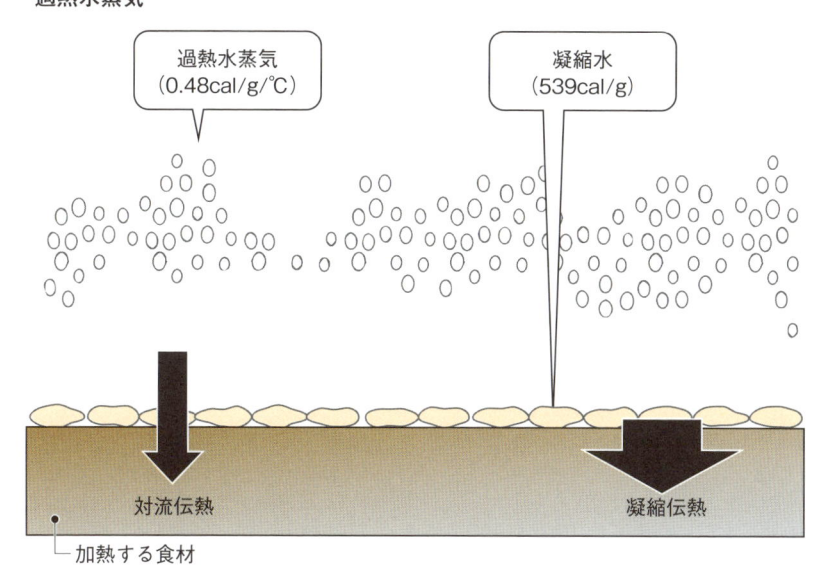

●高い脱油効果がある加工

　過熱水蒸気処理は食品の高い脱油効果が認められています（図3-5-2）。食品に触れた過熱水蒸気は温度が低下し、水（液体）となり食品表面に付着すると同時に、凝縮熱が付与されます。そのため、食品の温度は急上昇し、食品中の油脂が素早く溶解しはじめます。さらに加熱を続けると、油脂の粘度低下による流動性が高まり流出したり、食品の収縮により油脂がにじみ出てきます。これら食品表面の油脂は滴り落ちたり、凝縮水により洗い流されることで、脱油効果が発揮されます。一方、高温空気加熱では、対流伝熱のみの加熱のため昇温が遅く、凝縮水の付着がないため、食品表面の油脂の脱油に時間を要するのです。

●脱塩効果がある加工

　過熱水蒸気処理は、食品の脱塩にも効果があります（図3-5-3）。ナトリウムイオンや塩化物イオンなどのイオンは、高濃度の状態から低濃度へと移動する拡散効果を有します。食品の加熱処理初期において、食品表面に凝縮水が付着すると、表面のナトリウムイオンが凝縮水に溶解し洗い流されます。また、表面に近い場所に分散するナトリウムイオンは、塩分濃度の低い凝縮水へと拡散するため、内部と表面の塩分濃度差が生じます。結局、内部のナトリウムイオンも拡散効果により表面に移動し、凝縮水が食品表面から滴り落ちる際に取り除かれ、脱塩効果が発揮できます。

　一般的な高温空気加熱では、加熱時間に関わらず酸素濃度は約21％で一定ですが、過熱水蒸気加熱では、数分後にはほとんど酸素が存在しない状態となります。過熱水蒸気を用いると、低酸素状態での食品の加熱が可能となるため、ビタミンCの破壊や油脂の酸化が抑制できます。

　このように、過熱水蒸気の優れた技術を活用し、食肉加工では焼き鳥、照り焼き、塩焼き、唐揚げに、水産加工では焼魚、焼きエビ・カニ、タコ加工品、水産練製品にいかされています。また、野菜のブランチングや焼きおにぎりなどのほか、米粉への乳化能付与ならびに乾燥珍味などの殺菌など、さまざまな食品の高品質化に貢献しています。

図 3-5-2　過熱水蒸気処理による脱油効果

凝縮水
油脂は凝縮水により、洗い流される

凝縮熱

食品表面の油脂
凝縮水が付着すると、凝縮熱により、油脂が素早く溶ける

食品内部の油脂
加熱を続けると、油脂の粘度が低下し、また、食品の収縮により油脂がにじみ出る

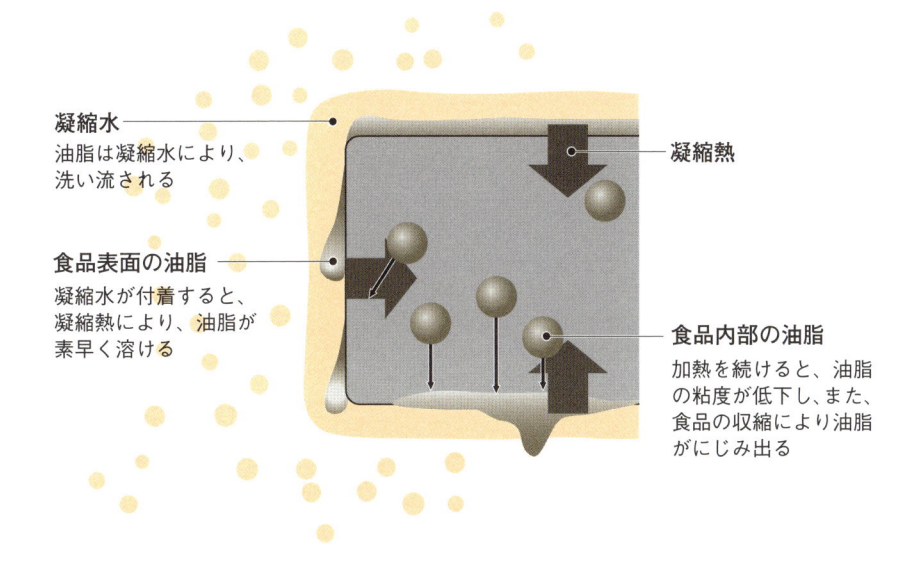

図 3-5-3　過熱水蒸気処理による脱塩効果

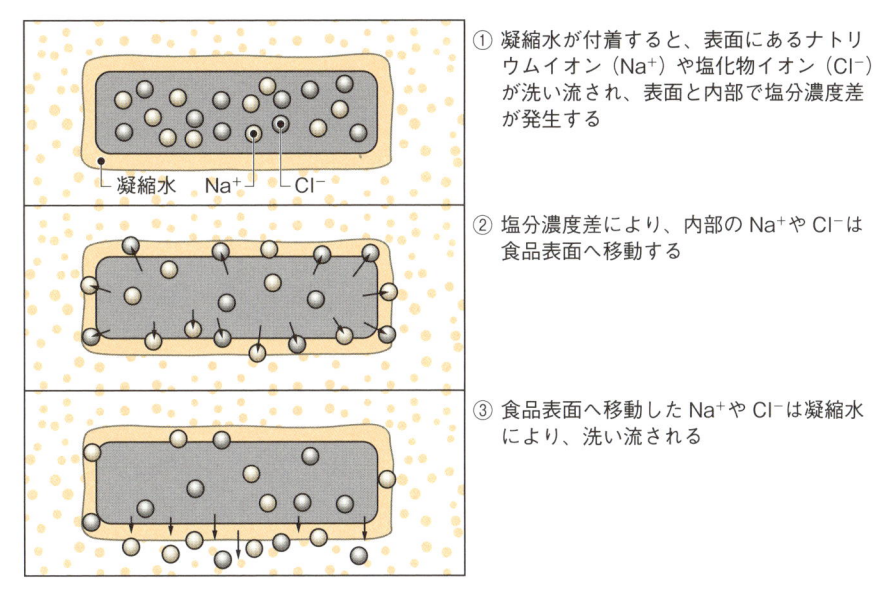

凝縮水　Na^+　Cl^-

① 凝縮水が付着すると、表面にあるナトリウムイオン（Na^+）や塩化物イオン（Cl^-）が洗い流され、表面と内部で塩分濃度差が発生する

② 塩分濃度差により、内部の Na^+ や Cl^- は食品表面へ移動する

③ 食品表面へ移動した Na^+ や Cl^- は凝縮水により、洗い流される

3・新たな加工技術を用いた食品加工

3-6 超臨界ガス抽出技術

●超臨界ガス

　物質は、固体、液体、気体のいずれかの状態で存在しますが、温度と圧力を上昇させ、ある点（臨界点）を超えると、液体のように物質を簡単に溶解し、気体のように大きな拡散速度を示す両方の性質をもつ状態となります（図3-6-1）。この物質を超臨界流体（超臨界ガス）といいます。超臨界ガスは、密度は液体に近く、粘度が通常ガスの2～3倍、拡散係数は液体の100倍程度です。また、液体の溶解力とガスの拡散性・浸透性を有し、抽出溶媒として優れており、幅広い分野での利用の可能性が考えられます。おもな超臨界媒体として、二酸化炭素、アルコール、水などがありますが、二酸化炭素は、臨界圧力は7.52MPa、臨界温度は常温に近い31.1℃であり、引火性や化学反応性もなく、純度が高く安価で入手可能なことから最も利用されます。超臨界二酸化炭素は、さまざまな物質の奥まで浸透し、成分を効率よく溶解するだけでなく、臨界点以外では気化して大気中に飛散するので、利用しやすいのです。カフェインを除去したコーヒー豆の精製や、ドライクリーニングの溶媒として実用化されています。

●超臨界抽出装置を用いた成分抽出の流れ

　原料を抽出槽へ仕込んだ後、二酸化炭素を送り込みます。温度、圧力を調整し超臨界状態とすると、超臨界二酸化炭素により溶解した抽出物が分離槽へ移動します。圧力を低下させることにより、抽出物は二酸化炭素と分離します。これにより、原料から効率よく目的物質の抽出ができます。なお、分離した二酸化炭素は、再度利用されます（図3-6-2）。

　従来の超臨界二酸化炭素抽出は30～50MPaまでの圧力を利用して行われていましたが、より高圧・高温領域を利用することで抽出効率が上昇することがわかってきました。高圧超臨界二酸化炭素抽出により、機能性食品や健康食品市場における機能性成分の効率的な抽出に適用できる可能性があります。

図 3-6-1 臨界点と超臨界流体

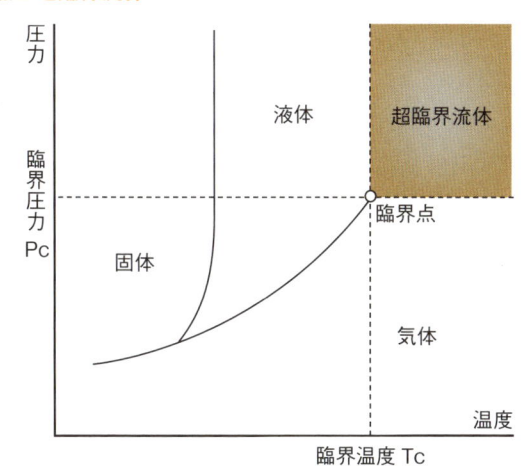

図 3-6-2 超臨界ガスによる成分抽出

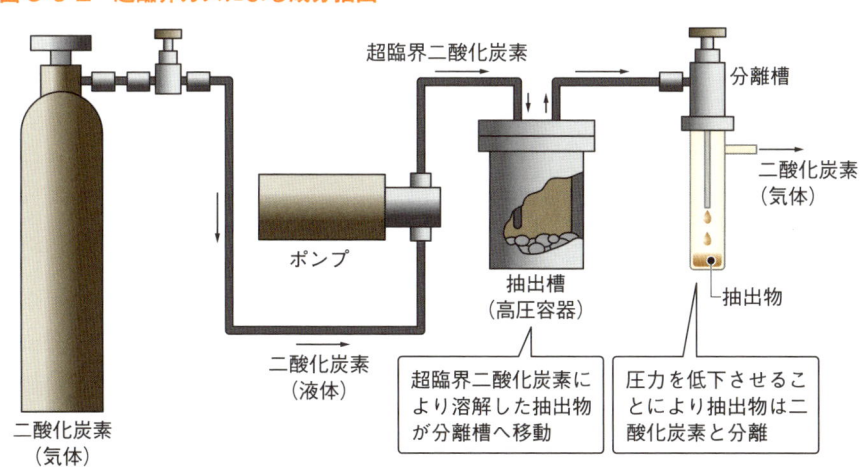

●超臨界ガスの応用例

醤油の香気成分回収
　濃口醤油を20MPa、40℃の液体状態の二酸化炭素に導入すると、超臨界装置に香気成分が抽出されます。その香気成分を含む液体二酸化炭素を減圧、気化し、吸収液（エタノール、水、グリセリン混液）中にバブリングすると、吸収液に醤油の香気成分が回収できます。これは、調味料、果汁、嗜好飲料類などに使用できます（図3-6-3）。

ドライフルーツフレーバーの製造
　レーズン粗砕物を20MPa、50℃の超臨界二酸化炭素で抽出後、抽出ガスを分離塔に導き、5kPa、40℃で分離すると、レーズンの香気成分が効率よく得られます。食品やたばこ用フレーバーとして利用されます。

リコピン油の製造
　トマトやニンジンなどの水分を多量に含む原料からカロテン系色素のリコピン油を抽出するために、まずアルコールで脱水します。これを25～30MPa、35～80℃の超臨界二酸化炭素で抽出し分離槽の内壁に付着させ、サラダ油にリコピン油を溶解することにより、高収率でリコピン油を回収することができます（図3-6-4）。

魚油からのEPA、DHAの分別回収
　いわし油中の高度不飽和脂肪酸をエステル化し、硝酸銀水溶液で処理すると、不飽和度の高い脂肪酸のみが硝酸銀水溶液と錯体を形成し溶液中に溶解します。これを10～25MPa、40～60℃の超臨界二酸化炭素で抽出すると、すべての不飽和脂肪酸エステルが回収されます。このように効率よく不飽和脂肪酸の抽出が可能です。

長期保存可能な練りからしの製造
　マスターシード原料から変色の原因となる水溶性ならびに油溶性成分を選択的に除去するために、超臨界抽出法を活用します。水を添加してペースト状にした粗挽きマスターシードを73MPa、313℃以上の超臨界二酸化炭素ガスで抽出すると、マスタード配糖体を含む油溶性成分が抽出され、残存液には辛味成分が残ります。分離液からマスタード配糖体を回収し、残存液に加水することにより水溶性成分が除去され、辛味成分のみが残ります。残存液

に、マスタード配糖体、ビタミンC、食用油などを添加すると、長期保存可能な練りからしが製造できます。

キャラウェイなどからの消臭成分の抽出

　キャラウェイやハマボウフウなどの葉、茎、根は消臭成分を含有します。これら原料から抽出した成分は、食品や医薬品の消臭剤として利用されますが、原料植物特有の臭いが残存しています。超臨界二酸化炭素を用いて抽出すると、完全無臭な消臭剤を得ることが可能です。

アトピー性皮膚炎予防米の製造

　米油成分にはアトピー性皮膚炎を起こすアレルゲンが含まれています。エタノールなどのアルコールと酢酸などを含有する水に浸漬した米を15～25MPa、35～44.5℃の超臨界二酸化炭素で抽出すると、米デンプンを損なうことなく効率よくアレルゲンを抽出除去できます。

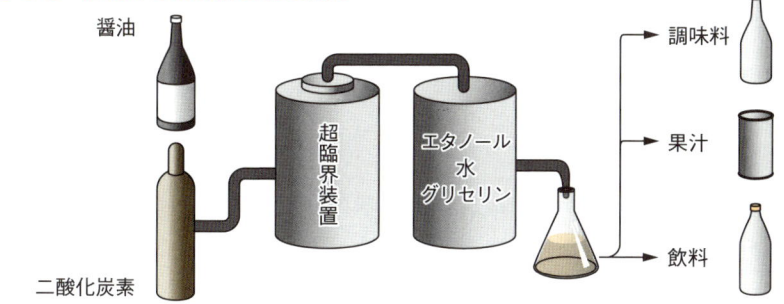

図 3-6-3　醤油の香気成分回収の流れ

図 3-6-4　リコピン油の製造の流れ

3-7 湿式微細化技術

●ナノオーダーまで微細化

　近年の医薬や食品分野において、従来の素材、特に食品をナノオーダーまで微細化することにより、物性改善や消化吸収促進などの新たな機能性を付与した新規な製品開発の素材が利用できるようになってきました。従来、廃棄物として扱われていたり低利用されたりしていた素材が有用物質に変換されています。固形物を湿式で微細化する機器などが開発されたためです。

　湿式微細化装置として、超音波ホモジナイザー、コロイドミル、撹拌型乳化機、ナノマイザー、マスコロイダーなどがあります。

　コロイドミルは、ローター（1,000〜2,000回転で回転する）とステーター（固定）といわれる部分から構成されており、食材などのスラリーがこれらの狭い隙間を通過することにより、食材に含有する粒子を微細化するものです（図3-7-1）。

　撹拌型乳化機も、コロイドミル同様にローター（1,000〜20,000回転で回転する）とステーターから構成され、機器の底部から食材のスラリーを吸い上げ、機器上部の噴出口から圧出する装置です。各種の食品の微細化に用いられています。また、硬い粒子を対象とする場合、超高速で流れる液体中で発生する剪断力や衝突力を活用する方法や、超高圧下粉砕チャンバーに装着したダイヤモンドノズルを使用して噴射することで衝突させて微細化する方法などがあります。平均粒径として、サブミクロンから数μmまで微細化することが可能です。マスコロイダーを使用すると、もう少し大きな粒径の粒子が得られます。

●湿式微細化装置の利用例

　鶏肉の解体工程で生じる皮や骨などの残さは、石臼式の微細化装置を使用してペースト化することで、加工食品素材としての活用が可能となります。規格外の野菜（例えば、ニンジンやカボチャなど）は直売所などの販売もあ

りますが、生産者にとって課題です。これらを微細化によりペーストにすることで、菓子やスープ素材として高付加価値化できます。

　羊かんなどの和菓子製造に用いられる小豆を原料としてこしあんをつくる際に生ずる種皮は、飼料や肥料として一部利用されますが、多くは廃棄されています。しかし、活性酸素を消去する働きを有するポリフェノールに富み、有用な資源です。含水した小豆の種皮を磨砕・酵素処理後、さらに加水して湿式微細化処理すると、ざらつきを感じないペーストが得られます。これを用いて製造したあんは、通常のこしあんと比較して滑らかな食感と機能性をもち、幅広く活用できる可能性があります。小豆のあんのほとんどが細胞膜で覆われたデンプン粒子（大きさ50〜250μm、平均径100μm）として存在し、官能的には粒子のざらつき感を感じます。一方、微細化した種皮は矩形型のものが多く、その平均径は39μmです。粒子感覚の閾値は10〜25μmであるとの報告もあり、小豆の種皮を微細化することにより、舌触り良好な製品製造が可能となります。

図3-7-1　コロイドミルの構造例

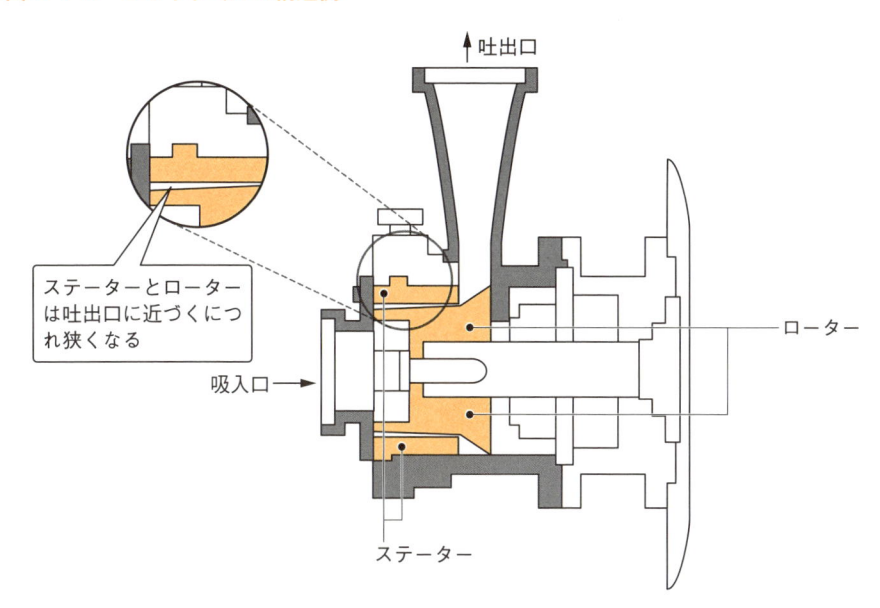

3-8 エクストルーダー

●エクストルーダーとは

　エクストルーダーの由来 extrude は、物を突き出す、押し出すとか、金属などが型から押し出されて成形されるなどの意味があります。つまり、エクストルーダーは、顆粒や粉体の原材料に水を加えながら、高温下スクリューで圧力をかけて押し出すことにより、混練、混合、破砕、剪断、加工、成形、膨化、乾燥、殺菌などの加工操作を1台で行う機能を有している機械です。

　2軸エクストルーダーは大別して5つの構成部位（フィーダー、スクリュー、バレル、ダイ、カッター）から成り立っています（図3-8-1）。原材料はフィーダーから加えられ、高温のバレル中でスクリューにより水と混合されながら圧力がかけられます。スクリューは長いドリルのようなものであり、原材料に「切る」「混ぜる」「練る」「加圧」などの作用を与えます。バレルはスクリューが中に入って回転する金属のトンネルであり、いくつかのブロックに分けられており、ブロックごとに異なる温度による加熱処理が可能となっています。ダイはバレル内で加熱処理され、スクリューで混合・加圧された原材料が押し出されて外に出る部分です。スクリューの種類や組み合わせ、回転速度を変化させることにより原材料の滞留時間を調整し、加えられる圧力を変えることができます。また、ダイの出口部分の形状を変えることにより、四角、円形、シート状など形状を変えた製品の製造が可能です。

●2軸エクストルーダーの利用例

　エクストルーダーに投入されたタンパク質やデンプンは、高温高圧下で一様に混合・溶融された後、はじめのものとは異なる構造を有する製品となります。

　大豆タンパク質などの植物性原材料とした場合、内部で溶融し成形した製品は畜肉様の素材へと変換できます。また、内部圧力下で溶融したデンプン材料をダイから押し出すことにより、大気中に出た際の圧力差により、デン

プン材料中の水分が一瞬にして水蒸気化して、組織中に多くの気泡を有する膨化食品を製造することができます。綿密な繊維構造をもつカニ脚かまぼこや、サケ挽肉、調味料、油脂を用いたサケフレークなどが実用化されています。粉末化昆布やホタテガイ、ブナザケなどの魚介類を原材料とした膨化物やチーズ様食品の開発、冷凍変性などによりかまぼこ形成能の低い魚肉の組織化や、養殖魚用飼料EP（エクストルーデットペレット）の製造にも活用されています。スナック菓子やシリアル、パン、麺類なども製造され、エクストルーダーを用いた食品加工技術を、エクストルージョンクッキング（押し出し加熱加工法）とよんでいます。

また、エクストルーダーにより高温高圧下で剪断や混和すると、タンパク質分解酵素阻害物質トリプシンインヒビターや、尿素からアンモニアを生成するウレアーゼなどの作用を抑制することもできることが知られています。

図 3-8-1　エクストルーダーの構造例

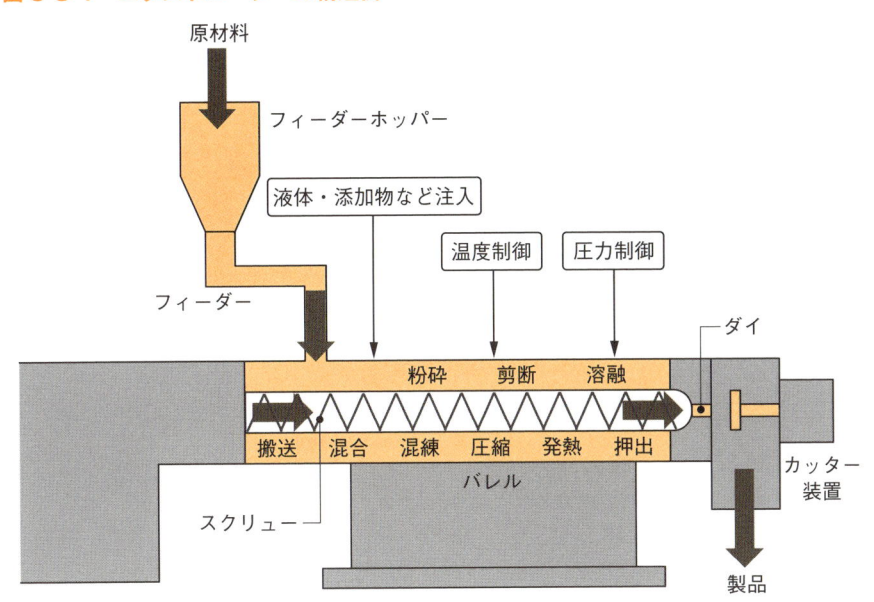

3-9 膜分離技術

●エネルギー消費が少ない分離法

　分離やろ過、吸着、透析などは食品加工においても必要不可欠なプロセスのひとつになっています。このなかで膜分離は従来の分離法と比べても、機械の操作が容易で、エネルギー消費が少ない分離技術として多用化されています。

　膜分離技術としては、精密ろ過（MF）法、限外ろ過（UF）法、逆浸透（RO）法、イオン交換膜による電気透析（ED）法などがあり、精密ろ過では、0.01ミクロン程度の物質を分離することができることから、食品加工においては細菌や酵母などの微生物などの分離が可能で、生ビールや生酒の除菌などに応用されています。また、限外ろ過法はアミノ酸や塩類などの低分子物質のろ過に使われ、逆浸透法は主として水だけを透過することから、海水から真水を取るための装置に応用されています。さらに、電気透析法では電位差を利用し、海水からの食塩を取り出す技術や減塩醤油の製造技術、チーズホエーから塩分を除去する技術として応用されています。

●機能性食品などの製造

　農産物の加工では、リンゴ果汁の清澄化やミカン果汁の濃縮などのほか、サトイモやキクイモ、ヤーコンなどのイモ類からポリフェノールやイヌリン、フラクトオリゴ糖などの機能性成分の抽出などに応用されています。図3-9-1にミカン果汁の濃縮化の例を、また図3-9-2と図3-9-3に工場の様子と濃縮化したジュースを示します。

　また、魚介類の煮汁から調味エキスを抽出する技術や塩カズノコ加工での塩水回収再利用、海藻類からアルギン酸やオリゴ糖を生産する技術など、水産加工品でも多くの商品で膜分離技術が採用されています。

　食品の機能には栄養機能（一次機能）、味覚・感覚機能（二次機能）、そして生体調節機能（三次機能）があり、このうち三次機能を果たす成分を付加

した加工食品を一般的に機能性食品とよんでいます。機能性食品の製造にあたって、生物原料素材から機能性成分を分離・濃縮する技術として、膜分離技術が広く利用されています。

図 3-9-1　ミカン果汁の濃縮化の例

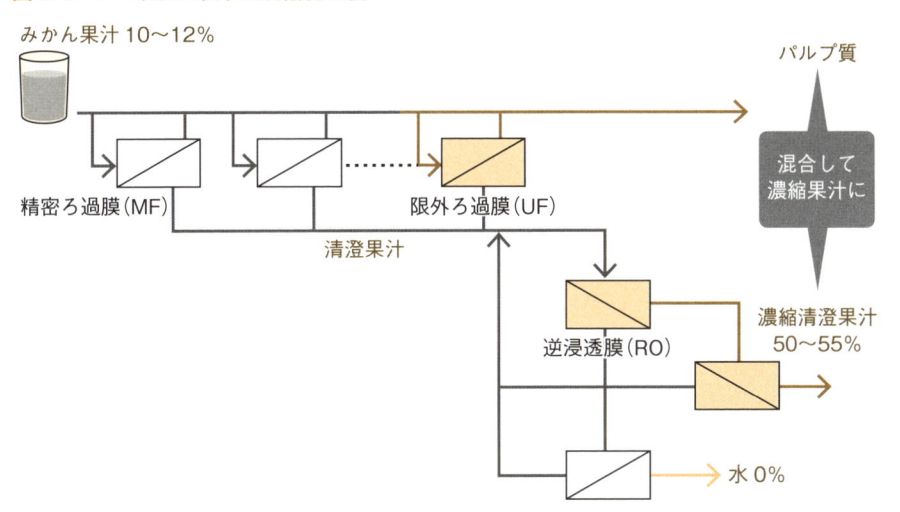

みかん果汁 10〜12%　精密ろ過膜（MF）　清澄果汁　限外ろ過膜（UF）　パルプ質　混合して濃縮果汁に　逆浸透膜（RO）　濃縮清澄果汁 50〜55%　水 0%

図 3-9-2　工場の様子

図 3-9-3　濃縮果汁

上の段が精密ろ過装置と限外ろ過装置。下の段が逆浸透膜装置

（写真提供：株式会社えひめ飲料）

3・新たな加工技術を用いた食品加工

3-10 凍結含浸法

●広島発の特許製法

凍結含浸法は、2002年に広島県立総合技術研究所食品工業技術センターで開発され、05年に特許化された食品製造のための物質導入技術です。

基本原理としては、食材を冷凍して細胞間のすき間を広げた後に解凍し、組織を弛緩させることで、後の減圧含浸工程において素材をより膨張させ、酵素や栄養成分、調味料などの有益な物質の、素材内部への含浸効率を高める製法になっています。

実例として、細胞と細胞を結ぶペクチンを分解する酵素・ペクチナーゼを染みこませれば、形状を変えずに食材を軟らかくすることができ、濃度と反応時間で硬さも調整できるという仕組みを使って、主に高齢者・介護用食品の製造に利用されています。

●凍結・解凍操作と減圧操作

凍結含浸操作の基本手順は、生または加熱した食材を－20℃程度の家庭用冷凍庫レベルの温度で凍結した後、酵素製剤を溶解させた調味液に浸漬します。解凍後、調味液に浸漬した状態のまま真空ポンプで減圧にし、常圧復帰後、調味液から取り出して、酵素反応を進行させます。その後、目的の硬さに達した段階で、蒸煮処理などで酵素を失活させる仕組みになっています（図3-10-1）。

これまでのように、加熱による軟化ではないため、加熱時間が短くて済むことから、食材本来の栄養素や色、風味が失われにくいという特徴があります。また、食材に含まれる成分を酵素で分解することにより、タンパク質からうま味成分であるペプチドやアミノ酸、そのほか機能性成分をつくらせることができるとされています。

広島県では今後とも、食品製造工程の省エネ化への貢献（加熱時間短縮など）や、新しい機能性食品、医療用食品など多様な開発を視野に入れています。

図 3-10-1　凍結含浸法の原理と工程

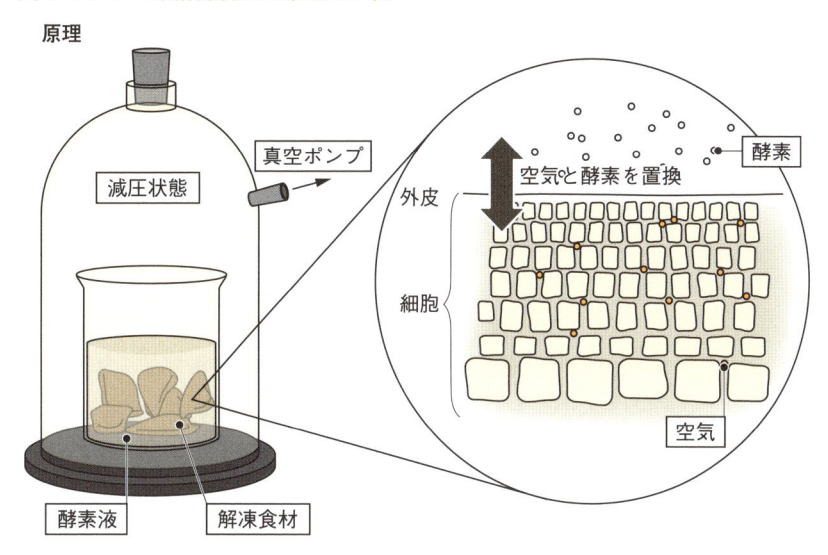

原理

- 減圧状態
- 真空ポンプ
- 酵素液
- 解凍食材
- 外皮
- 細胞
- 空気と酵素を置換
- 酵素
- 空気

工程

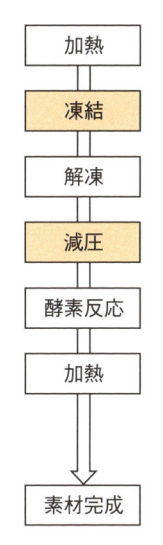

加熱 → 凍結 → 解凍 → 減圧 → 酵素反応 → 加熱 → 素材完成

凍結解凍した食品素材を酵素液に漬けたまま減圧すると、細胞どうしのすき間の空気が抜けて、酵素がしみこむ。調味料や栄養成分などを、酵素とともに食材へ均一にしみ込ませることができる。下の写真は凍結含浸法でつくられた介護食（筑前煮）。

（写真提供：広島県立総合技術研究所食品工業技術センター）

❗ 宇宙食と介護食の開発

地上食に近づいた宇宙食

　1961年ボストーク１号で世界初宇宙旅行に成功したユーリイ・ガガーリン以降、米ロをはじめ各国による宇宙開発が進んでいます。「一生に一度は行ってみたい」といわれるように、現在では民間宇宙船による宇宙旅行が可能となりました。宇宙開発に携わる飛行士にとって、食事は生活のなかで大きな楽しみです。1962～63年マーキュリー時代には、一口サイズの固形食や練り歯磨きチューブ様容器の先にストロー状パイプをつけたものを使用し、クリーム状やゼリー状食品を食べていたそうです。飛行士からの評判はよくなかったそうですが、現在の宇宙食は地上食に近くなり、温度安定化食品、加水食品、半乾燥食品、自然形態食、新鮮食品など種類も豊富になりました。宇宙食の開発では、飛行士の栄養面、常温長期保存、安全面、微小重力下で喫食可能かなど、さまざまな制約があります。国際宇宙ステーションでは宇宙食を標準食、嗜好食、ボーナス食に分類していますが、宇宙航空研究開発機構が認証する宇宙日本食（嗜好食に該当し、現在14社29品目）も提供されます。真空仕込み製法、レトルト技術、噴霧乾燥技術など多くの加工技術を駆使して開発した加工食品です。

ニーズが高まる介護食

　日本では65歳以上の高齢者が総人口の25％を超える超高齢化社会を迎え、介護食のニーズが高まっています。一人暮らしの高齢者も増加し続けており、65歳以上の単独世帯は2030年には39％に達する見込みです。介護食市場は国内市場調査によると、2020年には1,286億円（2012年比26％増）となると予測しています。施設用と比較し、在宅用ニーズの伸びが見込まれています。介護食の８割強は医療施設や老人福祉施設などの業務用に流通していますが、残りは通信販売が大半で、店頭での取扱量は少ないようです。厚生労働省の調査によると、要介護者数は2012年４月時点で約533万人おり、12年間で約2.4倍に増加しています。在宅サービス利用者が圧倒的に多く、在宅介護を受ける高齢者の６割が低栄養傾向にあるといいます。介護食には、流動食、やわらか食、栄養補給食、水分補給食、とろみ調整食品など種類が多く、これらはさらにキザミ食、ミキサー食、ソフト食、ムース食など、介護の範囲により細分化された製品が流通しています。喫食に不自由があっても、そのほかの機能を使い口から食べることは、生きる喜びにつながります。咀嚼や嚥下困難など多様化したニーズに応えることの可能な介護食の開発がますます求められています。

第4章

食品安全衛生管理の基礎と検査機器

最近、農薬や異物の混入など
食品の安全性が社会的な問題になっており、
食品衛生検査に対する関心が高まってきました。
本章では、安心安全な食品づくりの基礎と
最新の検査方法などについて解説します。

4-1 異物混入の防止

●異物とは

　食品に虫、ビニール片、金属片、プラスチック片など、さまざまな異物が混入していたというニュースが相次ぎ、食品の安全性への関心が一段と高まっています。

　食品衛生法第6条4項では、「不潔、異物の混入又は添加その他の事由により、人の健康を損なうおそれがあるもの」について製造販売を禁止することを明記しています。しかし、何が不潔で、異物であるかの記述は明確ではありません。食品中の異物は食中毒のように、直接的に健康被害をもたらすものは少なく、また異物の判断基準が形や大きさ、性状、危険性などで一律的に決められるものでもないため、消費者側が少しでも異物と感じて、不安を覚えるものすべてという考え方になっています。

●食品衛生法およびPL法における異物の取り扱い

　食品異物に対する法規制では、食品衛生法とPL法（製造物責任法）が対象になっています。しかし、PL法の適用範囲は「製造又は加工された動産」となっているため、未加工の農林畜水産物は該当しません。

　また、「食品製造業者等は、消費者等から製造物が原因で身体や生命あるいは財産を損ねたといった訴えがあり、その因果関係が証明された場合、これによって生じた損害を賠償する責任があること」と定めていますが、因果関係の証明というのがなかなか難しいものになっています。

●異物混入の防止策

　異物の種類によって、さまざまな混入防止策が考えられます（図4-1-1）。昆虫は光、臭気、熱源の3つの要因により侵入します。多くの昆虫は青色系の光に誘引されます。生ごみや排水ピットなどから発生する臭気は昆虫を誘引するので、臭気を発生する個所の清掃を徹底させる必要があります。また、

冬季には排気口や温水が流れる排水溝に昆虫が誘引されますので、ネットを張り隙間をなくすようにします。

　金属片やプラスチックに対しては生産設備に割れやネジの緩みがないかこまめな点検が必要とされます。金属は磁気を用いた金属検出器が一般に用いられています。また、X線異物検出機は金属だけではなく石などの混入も検出・除去できます。

　毛髪などの対策については、従業員が生産現場に入る場合は装飾品などを外し清潔な作業着に着替えます。毛髪などの混入の恐れがある場合はさらに粘着ローラーやエアーシャワーを用い持ち込みのないようにします。

図4-1-1　異物混入の危険性と対策例

危険度大

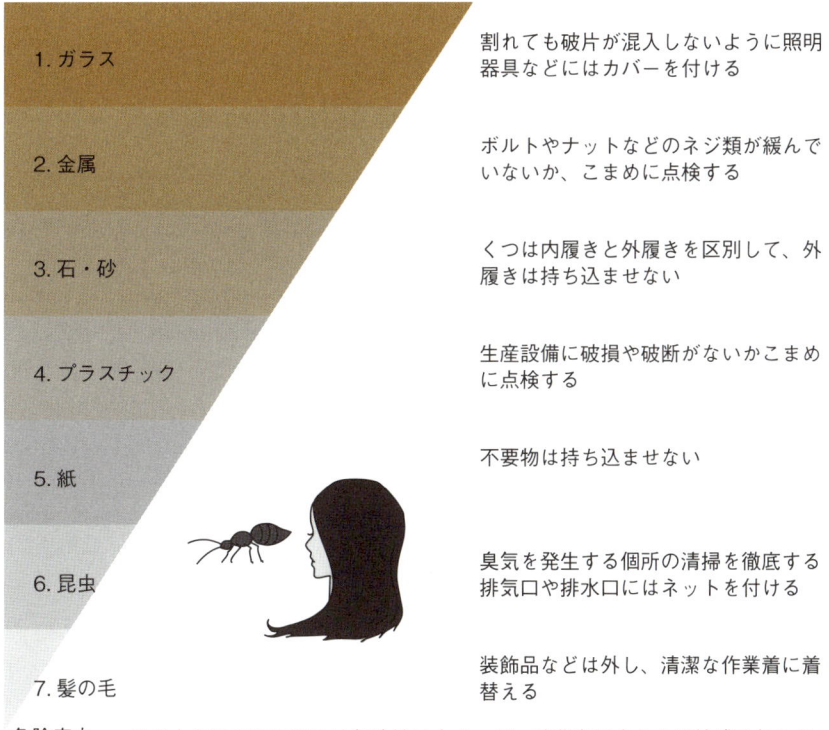

順位	種類	対策
1	ガラス	割れても破片が混入しないように照明器具などにはカバーを付ける
2	金属	ボルトやナットなどのネジ類が緩んでいないか、こまめに点検する
3	石・砂	くつは内履きと外履きを区別して、外履きは持ち込ませない
4	プラスチック	生産設備に破損や破断がないかこまめに点検する
5	紙	不要物は持ち込ませない
6	昆虫	臭気を発生する個所の清掃を徹底する　排気口や排水口にはネットを付ける
7	髪の毛	装飾品などは外し、清潔な作業着に着替える

危険度小　　※昆虫や髪の毛の混入は危険性は小さいが、消費者に大きな不快感を与える

4-2 食品添加物

●食品添加物とは

　食品添加物とは食品衛生法第4条で、「食品の製造の過程において又は、食品の加工若しくは保存の目的で、食品に添加、混和、浸潤その他の方法によって使用するものをいう」と定義されている、食品に添加することで味を調える、長期間保存できる、色や香りをつけるなどの効果が得られる物質のことです（図4-2-1）。

　なお、食品添加物は、安全性と有効性が確認され厚生労働大臣が指定した「指定添加物」（447品目）、長年使用されてきた「既存添加物」（365品目）、「天然香料」（612品目）、「一般飲食物添加物」（72品目）に分類されています（表4-2-1）。

●添加物の使用基準

　使用基準については、人が一生涯にわたって毎日摂取してもまったく影響がない量がADI（1日摂取許容量［ADI：Acceptable Daily Intake］mg／kg体重）という単位で規定されています。実際に使用される添加物の量は基準値より少ない場合が多く、その食品を食べ続けたとしても、安全性には問題はありません。

●食品添加物の表示義務

　食品添加物は原則として物質名を表示しなければなりません。天然香料以外の添加物は名称、別名、簡略名または類別名のいずれかを使用することになっています。さらに、甘味料や着色料など、加工の用途に使用される添加物については、用途も併記することになっています。香料や乳化剤などは用途別の一括名を表示します（図4-2-2）。

　栄養強化の目的で使用される添加物と、加工助剤、キャリーオーバー（原材料からの持ち込み）に該当する添加物は、表示が免除されていますが、日

本農林規格（JAS法）にもとづく個別の品質表示基準で表示義務のあるものについては、表示が必要です。

図 4-2-1　食品添加物の役割

食品の製造に必要なもの
豆腐用凝固剤、膨張剤、かんすいなど

食品の嗜好性を高める
甘味料、着色料、調味料、香料、発色剤、光沢剤など

食品の形を成型する
乳化剤、増粘剤、安定剤、ゲル化剤など

食品の保存性を高める
保存料、酸化防止剤など

食品の栄養成分を強化する
栄養強化剤

表 4-2-1　食品添加物の分類

指定添加物	食品衛生法第10条にもとづき、厚生労働大臣が使用してよいと定めたもの（ビタミンC、キシリトール、乳酸など）
既存添加物	指定添加物のほか、わが国において広く使用されており、長い食経験があるもの（フラボノイド、カラメル色素、カフェインなど）
天然香料	動植物から得られる天然の物質で、食品に香りをつける目的で使用されるもの（バニラ香料、カニ香料など）
一般飲食物添加物	一般に飲食に供されているもので添加物として使用されるもの（オレンジ果汁、寒天など）

（厚生労働省ホームページより）

図 4-2-2　食品添加物の表示例

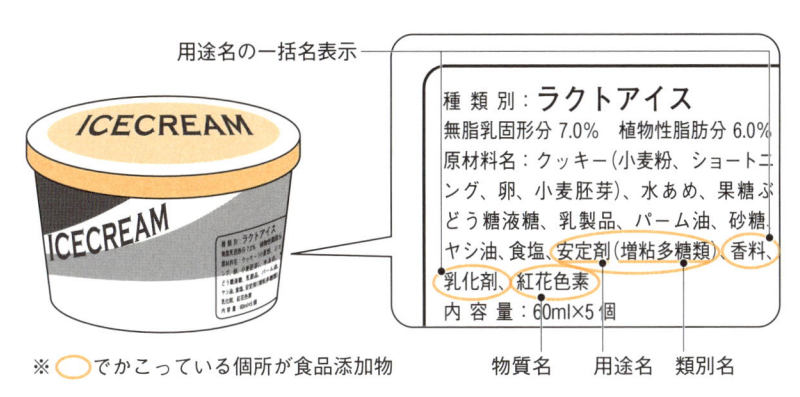

用途名の一括名表示

種類別：ラクトアイス
無脂乳固形分 7.0%　植物性脂肪分 6.0%
原材料名：クッキー（小麦粉、ショートニング、卵、小麦胚芽）、水あめ、果糖ぶどう糖液糖、乳製品、パーム油、砂糖、ヤシ油、食塩、安定剤(増粘多糖類)、香料、乳化剤、紅花色素
内容量：60ml×5個

物質名　用途名　類別名

※ ◯でかこっている個所が食品添加物

4・食品安全衛生管理の基礎と検査機器

4-3 有害金属・有害化学物質

●食品の中の有害金属

　食品中には微量の金属が含まれています。亜鉛や銅など人体に必要な金属もありますが、これらの金属は摂取しすぎると中毒症状を起こしてしまいます。また、金属にはメチル水銀やカドミウム、スズ、鉛のほか、ヒ素などの有害金属もあります。表4-3-1に中毒症状や毒性をもつおもな金属を示します。

　かつて熊本県水俣市で発生した「水俣病」の原因物質はメチル水銀で、住民は水や魚介類からメチル水銀を摂取し発病しました。工場からの廃水による公害、「イタイイタイ病」の原因物質であるカドミウムは、汚染地域の穀類などから摂取されたことがわかったため、現在では穀類のカドミウムの許容含有量が規定されています。ヒ素はミルクへの添加物の不純物として混入し、多くの乳児に後遺症を残しました。

　金属は人体に不可欠な物でもあるのですが、閾値(いきち)を超えると害をおよぼすので摂取量には注意が必要となります。

●有害化学物質

　アフラトキシンB1は「食品中に検出されてはいけない」最も発がん性の強いカビ毒です。熱に強いため、煮たり焼いたりなどの調理加工では、ほとんど分解されません。日本では、アフラトキシンは輸入されたピーナッツやピスタチオなどのナッツ類、ナツメグや唐辛子などの香辛料のほか、はと麦やそばなどから検出されています。食品の国際規定であるCODEXの基準では0.010ppm以下と非常に厳しい基準が設けられています（日本ではヒトに対して死亡事例はない）。

　ヒスタミンは、特定の細菌のもつ脱炭酸酵素により、ヒスチジンからヒスタミン産生菌（アレルギー様食中毒菌）によって産生蓄積された化学物質です。ヒスタミンは耐熱性が強く、缶詰の殺菌条件でも分解されません。国内では基準値がなく、CODEXの衛生取扱基準は200ppmです。米国基準では

マグロ・シイラおよび類似魚類は50ppmとしています。カジキマグロ、サバ、サンマ、イワシなどの赤身魚およびその加工品などに多く含まれます。

外観の変化や悪臭をともなわないため食品を食べる前に汚染を感知することは非常に困難です。表4-3-2に天然由来の有害化学物質を示します。

表4-3-1　中毒症状や毒性をもつおもな金属

元素記号	名称	概要
Zn	亜鉛	亜鉛は人体にとって必須の金属だが、無機亜鉛を大量に摂取すると、中毒を発症する
Cd	カドミウム	穀類、食品用容器、包装などにカドミウムの規格がある。清涼飲料水、粉末清涼飲料はカドミウムが検出されてはならないとの成分規格がある
Sn	スズ	食品衛生法による規格は150.0ppm以下。白缶の内面塗装に使用されているが、一定以上溶出しないように工夫されている
Cu	銅	亜鉛と同様に人体にとって必須金属。しかし、一度に大量の銅を摂取すると、中毒を発症する
Pb	鉛	食品用容器や包装、おもちゃなどに着色料などとして含まれていることがある。過度に摂取すると、障害を引き起こす可能性がある
As	ヒ素	ヒ素は微量ながら多くの食品に含まれていて、その存在形態により毒性が大きく異なる
Hg	水銀	日本人の水銀摂取は80％以上が魚介類からとなる。平均的な摂取量では健康に影響はないが、妊婦の方は注意が必要

表4-3-2　有害化学物質（天然）の発生要因と防止措置

	発生要因	防止措置
カビ毒	輸送、保管中の原材料の不適切な取り扱い	原材料納入者からの保証書、検査成績書の添付とその確認
貝毒	採捕が禁じられている海域、時期での貝類の採取	原料受入時の採捕海域、採捕年月日等の確認
ヒスタミン	腐敗細菌の増殖	微生物によってヒスタミンを産生する種の魚の漁獲から製品製造までの適正な温度管理
フグ毒	有毒部位の使用	十分な知識等に基づく調理
シガテラ毒	有毒魚の使用	シガテラ毒魚の魚種鑑別、毒化海域由来の魚種の判定
ソラニン	ジャガイモの発芽部位の使用、成育不良ジャガイモの使用	発芽部位の除去、受け入れ時の確認

4-4 食品衛生5S(7S)の基本概念

●食品工場の 5S + 2S とは

　従来からの微生物による食中毒予防の3原則は、「汚染させない」「増やさない」「殺菌する」です。そして、これを実現するための一般的衛生管理プログラムがあります（表4-4-1）。これらはいずれも食品衛生5Sと密接に結びついており、すべての食品衛生の基礎ともよぶべきものです。

　5Sとは、「整理」「整頓」「清掃」「清潔」「躾(教育)」の5つの頭文字Sの意味で、古くから製造業における職場環境整備のキーワードとして使われてきました。しかし、近年食品工場における5Sと工業系5Sとでは目的が異なり、工業系5Sの目的が「効率の向上」にあるのに対して、食品における目的は「清潔」となっています。さらに食品衛生の5Sに、「洗浄」「殺菌」の2つのSを加え、食品衛生7S（図4-4-1）が叫ばれるようになり、各食品メーカーはその達成にむけて、マニュアルの整備と技術革新を進めています。

●清潔の実現

　「清潔」の実現にあたっては、食品加工に悪影響をおよぼさない施設環境の整備を目的に、微生物汚染、化学物質汚染、異物混入が起こらない状態をつくり出すことで「混入しにくい環境をつくる」「異常な状態をすぐに発見できる」「問題解決が素早くできる」ことが求められています。そして、清潔な施設環境のために、法的な規制とそのための基準づくりも進んでいます。

　まず「整理・整頓」では、工場内に存在する化学物質と使用物品を極力減らすために、そこで必要なものを明確にするよう求めています。同時に物がなくなった場合一目でわかるようにします。混入した場合にすぐに発見できるようにするためです。

　「清掃」では、微生物の除去、昆虫の発生防止、残さの除去、アレルゲンの除去、洗浄剤の残留防止などを求め、「洗浄」では、「製造加工施設・環境の食物残さなどの汚物や有害微生物を除去する」こと、「殺菌」では「微生

物を増殖させないようにしたり、死滅させる」ことを求めています。

そして、「躾（教育）」は「整理」「整頓」「清掃」を確実に行うための基礎と位置付けられています。

後に解説するHACCP導入（4-9節参照）は、これら7S活動の実践による一般的衛生管理が土台になっています。

表4-4-1　一般的衛生管理プログラム

原材料の生産（一次生産）	安全で良質な原材料を使用する
施設の設計・設備	設備などは汚染を最小限にするよう設計・配置する
食品の取り扱い・管理	適切に製造・加工して出荷させるための工程管理手順を設計し、効果的な管理システムによってモニタリングする
施設・設備、機械・器具の保守と衛生管理	施設・設備や機械・器具は適切かつ確実な保守管理や洗浄、有害小動物の管理、廃棄物処理を実施する
食品従事者の衛生管理	健康であり、高い清潔度を維持し、決められたマナーを守る
食品の輸送	食品搬送車や容器などは、病原菌や腐敗微生物で食品が汚染されないように設計し、常に清潔で容易に洗浄できるような構造とする
製品の情報	販売者・消費者などに対する、適正な取り扱いができる情報や保管、調理、陳列に関する情報を製品に示す
食品従事者の教育・訓練	食品と直接的・間接的にかかわりのある者は、食品衛生について適切な研修を受ける

図4-4-1　食品衛生7S

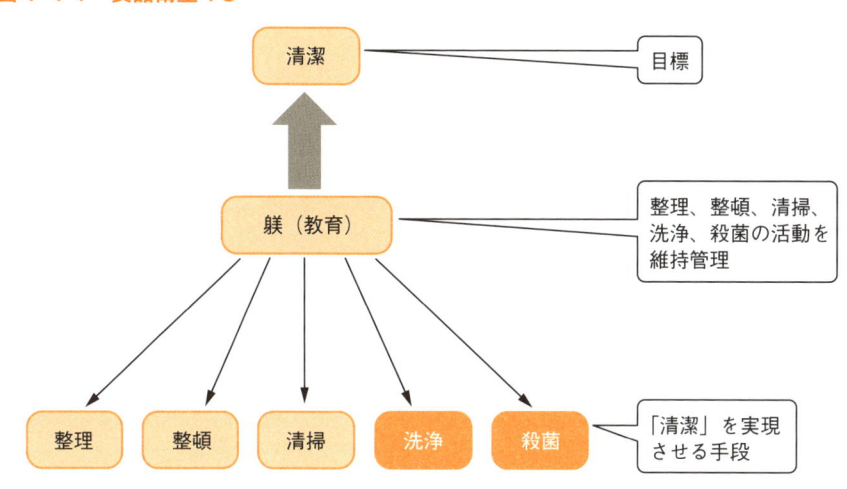

4-5 法令順守と自主衛生管理

●食品の安全性を求めて

　食中毒事件をはじめとして表示偽装など食の安全を脅かす事件が散発しています。食の安全は基本的には1947年に制定された食品衛生法（1995年改正）を遵守することですが、いろいろな事件を契機に2003年には食品安全基本法が制定されました（図4-5-1）。

　しかし、企業は法令を遵守するだけではなく、社会的責任も含めて安全安心な食品を提供することが求められています。これまでも環境整備や5Sをはじめとして安全な食品を生産するためのルールをつくってきましたが、消費者にはその内容の理解が難しいため統一されたルールが必要となってきています。1996年の病原性大腸菌O-157食中毒事件を受けて、食品製造における安全監視を強化推進するためにHACCP（ハサップ）手法支援法も臨時措置法として成立しました（HACCP：4-6節参照）。現在ではHACCPは多くの国で導入され、輸出入の要件とされるなどHACCPの義務化がさらに加速化しています。

●自主衛生管理の作成

　食品衛生法で規定されているのは、使用可能な原材料や添加物、アレルギー物質についての表示、営業許可などであり、製造するうえでの衛生管理手法ではありません。企業は衛生的な食品をつくるために全工程にわたり、自社の生産設備での安全衛生ルールをつくり、実施してきました。

　最近、食中毒などのリスクを減少させるためHACCPやISOのシステムの導入も行われています。これまでの製造設備の安全衛生対応と併用することでなお一層の安全を得ようとしています。

　「食の安全」は法令のみではなく、安全性を高めるための自主検査の技術開発を行うとともに、消費者と生産者とのコミュニケーション活動を活発化させることも必要になっています。

図4-5-1　食品安全基本法の概要と食品安全行政

食品安全基本法の概要

●**基本理念**
食品の安全性の確保は、国民の健康が保護されることが最も重要
●**関係者の責務・役割の明確化**
国の責務 基本理念にのっとり、食品の安全性の確保に関する施策を総合的に策定・実施
地方公共団体の責務 基本理念にのっとり、国との適切な役割分担を踏まえ、施策を策定・実施
食品関連事業者の責務 基本理念にのっとり、 ・食品の安全性の確保について一義的な責任を有することを認識し、必要な措置を適切に講ずる ・正確かつ適切な情報の提供に努める ・国等が実施する施策に協力する
消費者の役割 食品の安全性確保に関し知識と理解を深めるとともに、施策について意見を表明するように努めることによって、食品の安全性の確保に積極的な役割を果たす
●**施策の策定に係る基本方針**
●**リスク分析**
●**食品安全委員会の設置**

食品安全行政

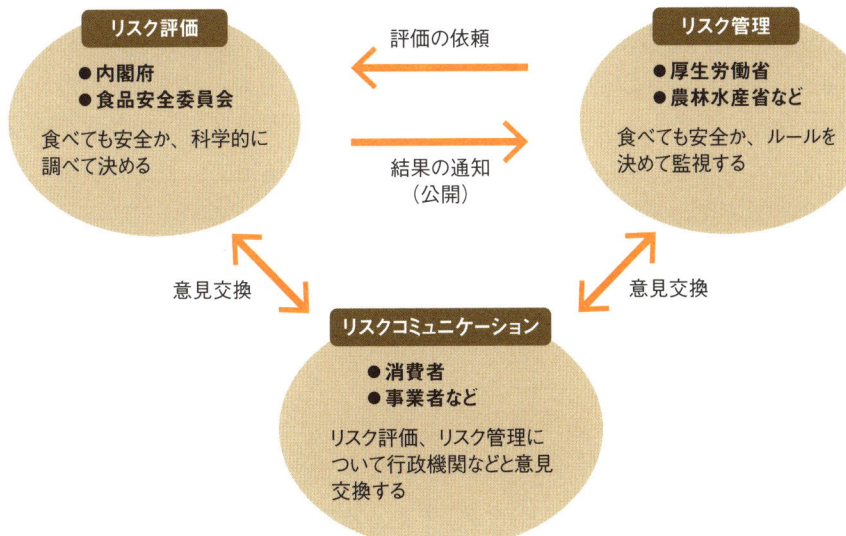

リスク評価
- 内閣府
- 食品安全委員会

食べても安全か、科学的に調べて決める

← 評価の依頼
→ 結果の通知（公開）

リスク管理
- 厚生労働省
- 農林水産省など

食べても安全か、ルールを決めて監視する

意見交換　　意見交換

リスクコミュニケーション
- 消費者
- 事業者など

リスク評価、リスク管理について行政機関などと意見交換する

4-6 HACCPによる食品安全の検証システム

● HACCP とは

HACCP とは Hazard Analysis and Critical Control Point のそれぞれの頭文字をとった略称で、法令では「危害分析重要管理点」と訳されています。HACCP システムは、宇宙食の微生物学的安全性の確保を目的に1960年代米国で開発された手法です。

HACCP は CODEX（FAO/WHO 合同食品規格委員会）において「食品の安全性にとって重要な危害要因を特定し、評価し、管理するシステム」と定義されています。危害分析（HA）にもとづいて最終製品に存在してはならない重要な危害要因を予測し、その危害要因を管理するための手法を明確にして危害分析にもとづいて決定された重要管理点（CCP）でその手法を使用し、予測された食品中の危害要因を健康が損なわれないレベルに確実に予防・減少・除去させるシステムです（図4-6-1）。

基本的には今まで食品企業が日常的に行っている安全管理とあまり変わりませんが、従来の衛生管理が「持ち込まない」「汚染させない」「増やさない」を行ってきたのに対し、HACCPではこれに「殺菌する」が加えられたシステムとなっています。また従来は経験と勘に頼った最終製品の抜き取り検査によるロット管理であったのに対し、HACCPでは連続的に測定・監視し記録する個別管理システムとして食品の安全性を高めています。

HACCP システムは科学的根拠にもとづいたマニュアルにより誰でも同じように管理でき、記録が残ります。世界中が同じ物差しで食品の安全管理ができることから輸出入の際の要件ともなってきています。

● HACCP システムは原材料から食卓まで

HACCP システムは食品の原材料から最終製品が消費者に消費されるまでのすべての過程に適用することができます。重要管理点で食品中の有害微生物を確実に予防・減少・除去しますのですべての製品の安全性が保障されま

す。万一食中毒のような事故が発生した場合も製造中の監視記録が残されているため迅速な対応が可能であり、管理の見直しもできるようになります。

図 4-6-1 　HACCP システム

HACCP システムの特徴

従来の管理手法	HACCP システムによる管理手法
最終製品の検査に重きをおいた衛生管理方法	危害分析（HA）と重要管理点（CCP）からなる衛生管理方法
経験則、感覚的な面から実施	温度、時間管理など科学的見地から実施
一定率の製品を抜き取り検査	原材料から食卓までのすべての過程に適用
不合格の製品がでた時は一連の製品を破棄	各工程について、前提条件を確立、そのうえで危害を予測し、危害防止につながる重要管理点を継続的に測定・監視

↓ 被害の拡大防止　　　↓ 被害の未然防止

HACCP による製造過程の管理

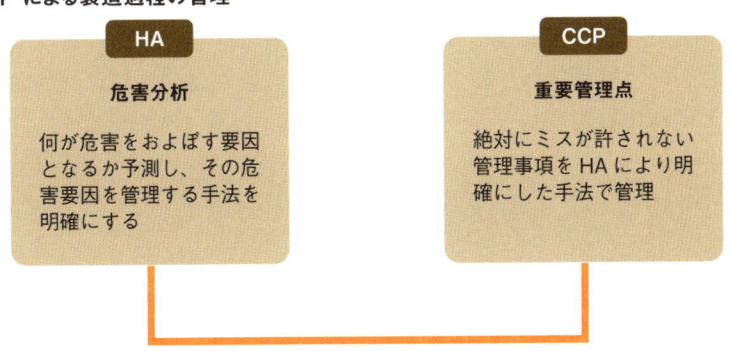

HA　危害分析
何が危害をおよぼす要因となるか予測し、その危害要因を管理する手法を明確にする

CCP　重要管理点
絶対にミスが許されない管理事項を HA により明確にした手法で管理

システムとして管理

4-7 危害分析（HA）

●危害分析（HA）の重要性

　HACCP（ハサップ）が一番重要と考えているのは微生物による危害（食中毒）です。そのため食品製造業者は原材料の受け入れから、配合、充鎮、熱処理、冷却、包装、出荷などの最終製品に至る全工程で、危害によって健康が損なわれないレベル（予防・減少・除去）にし、食品の安全性を確保しなければなりません。

　危害は過去の情報やデーターにもとづいて、原材料から最終製品に至る全工程で具体的に予測しなければなりません。すべての危害を予測し、その重要性、発生の頻度を洗いだし、重要なものについては管理手法や基準を検討する必要があります。

●健康被害を起こす危害要因

　危害には健康被害をおよぼす原因となり得る生物的、化学的、物理的な要因があります。製造環境（施設設備などの環境）によるものと製造工程（原材料などからの持ち込み）によるものから、危害が食品中に存在することにより、人に健康被害を起こすおそれのある因子は表4-7-1のように3つに分類されます。

●危害の原因

　危害の原因としては、原材料そのものの汚染、不適切な洗浄など原材料の誤った取り扱い、食品製造方法の変更、汚染された作業と清潔な作業との間で人や物が交差することにより起きる交差汚染、誤った成分の混入、不適切な調理（再加熱、不十分な冷却など）が考えられます。

　食中毒の原因は、細菌やウイルスがおもな原因となっています。これらの管理が最も重要で食中毒の危険性の予測を過小評価しないことが大事です。

表 4-7-1　危害の因子

生物的要因

細菌の感染またはそれらが体内で産生する毒素によって健康被害を起こすもの
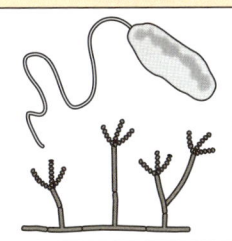 ●病原性微生物：食中毒菌など
●腐敗性微生物：カビ、酵母、乳酸菌など
●寄生虫：原虫類など

化学的要因

薬品による疾病、麻痺または慢性毒性によって健康被害を発生させるもの
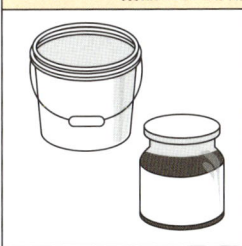 ●自然存在する化学物質：カビ毒、アレルゲンなど
●食品添加物：食品衛生法に定められた適切な使用条件が守られない場合
●工場内使用品：洗浄剤、殺菌剤、潤滑剤
●重金属、肥料、塗料、農薬など

物理的要因

食品中に含まれる異物の物理的な作用によって健康被害を起こすもの
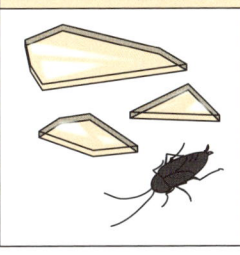 ●ガラス製品や照明器具の破損によるガラス片など
●原材料に含まれていたり、機械装置から混入する金属片、硬質プラスチック片など
●毛髪、虫など消費者にとって有害なおそれのある食品内の異物など

4-8 重要管理点（CCP）

●危害が発生する可能性のある工程

　食品製造業者は危害分析を行い、重要な危害（おもに有害微生物による食中毒）が発生する可能性のある工程を選別します。この選別された工程を重要管理点（CCP）とよび、モニタリング手法や管理基準および管理基準を外れた場合の改善措置を検討します。

　よくある重要管理点は有害微生物を死滅させる加熱工程、加熱でも死滅しない微生物の増殖を防止する冷却工程などです。これらの工程でのモニタリングには温度、湿度、時間、pHなどの物理量が一般に用いられますが、色などの官能検査も用いることができます。

●重要管理点（CCP）の決定

　原材料から製品に至る全工程にわたって製品の安全上問題となる可能性のある有害微生物をすべて明らかにします。さらに製品から予防・減少・除去を必要とする重要な有害微生物の管理手段を明らかにします。管理手段を適用して管理しなければ製品の安全性を保障できない工程を重要管理点（CCP）とします（図4-8-1）。危害分析を行うに当たって実際の設備によるフローダイアグラム（製造加工工程）を作成しておくと漏れもなく、問題となる工程を明らかにすることができます。

● HACCPシステムの適用

　HACCPを用いた食品の製造は、一般的衛生管理プログラムとHACCPシステムとの組み合わせになります（図4-8-2）。まず一般的な衛生管理にもとづいて冷蔵庫や加熱殺菌などの設備や器具が正常状態であることの確認を行います。次に、作業者の手指や製造器具の洗浄・殺菌を行い、食品への汚染源を除去しておきます。そして、原材料からの微生物の持ち込み、増殖防止などを継続し、併せて健康被害を招かないように重要管理点でこれらの微生

物を確実に減少・死滅させます。最後に、一般的な衛生管理により製造環境の整備を行い、次の作業に備えます。

いずれにしても HACCP システムの適用とは、HACCP プランを作成することが目的ではなく、作成されたプランの妥当性と実施結果の検証、それらの結果にもとづくプランの改善と維持（PDCA を回す）がなされることにより食品の安全性が高められることです。

図 4-8-1　CCP の例

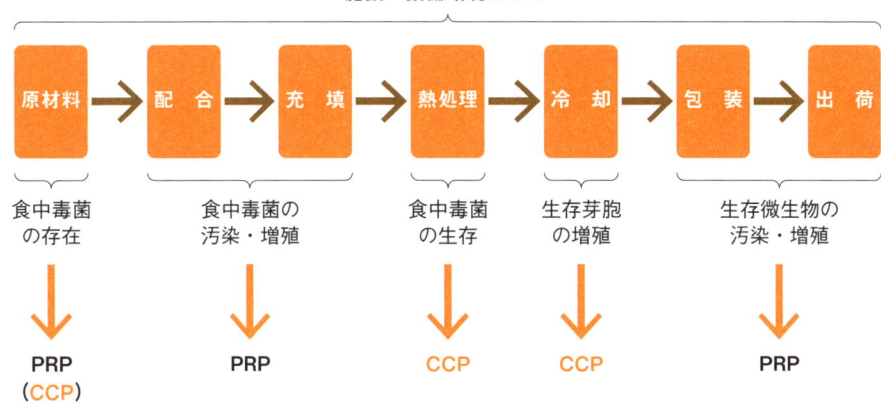

施設・設備環境は PRP

原材料 → 配合 → 充填 → 熱処理 → 冷却 → 包装 → 出荷

- 原材料：食中毒菌の存在 → PRP（CCP）
- 配合・充填：食中毒菌の汚染・増殖 → PRP
- 熱処理：食中毒菌の生存 → CCP
- 冷却：生存芽胞の増殖 → CCP
- 包装・出荷：生存微生物の汚染・増殖 → PRP

安全性を保障するために管理しなければならない工程を重要管理点（CCP）とする
※ PRP：一般的衛生管理プログラム
　CCP：HACCP システム

図 4-8-2　HACCP と PRP の組み合わせ

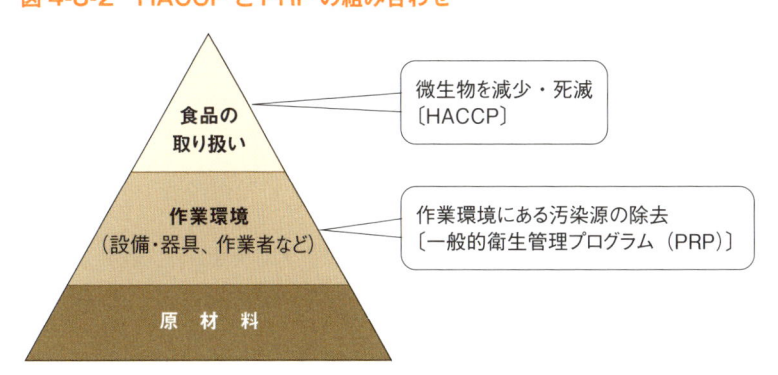

- 食品の取り扱い：微生物を減少・死滅〔HACCP〕
- 作業環境（設備・器具、作業者など）：作業環境にある汚染源の除去〔一般的衛生管理プログラム（PRP）〕
- 原材料

4-9 HACCPシステムの導入

● HACCPシステムを導入するための手順

　前提条件プログラム（一般的衛生管理プログラム）が実践されていることを前提にHACCP（ハサップ）システムを合理的に導入する方法として、12の手順が定められています（図4-9-1）。

　手順1～5は準備、6～7はHA（危害分析）にもとづいたCCP（重要管理点）の決定、8～12はHACCPプランの作成です。このうちの手順6～12は「HACCPシステムの7原則」といわれています。

● HACCPシステム導入の準備（手順1～5）

手順1　HACCPチームの編成
　基本方針にもとづきHACCPプラン作成とシステムを構築・実施する専門家チームの編成を行い、基本方針に従い2～12手順までの維持管理や見直しなどの作業を行います。

手順2　製品についての記述（対象食品の明確化）
　最終製品の名称および種類、原材料の名称、添加物などのリストや使用量、容器包装の形態や材質、保存方法などを明確にします。

手順3　製品使用についての記述
　製品についての特性、流通条件、使用方法などの製品説明を明確にします。

手順4　フローダイヤグラムの作成
　食品の製造工程一覧図（原材料受入から最終製品の出荷までの一連の製造工程が記載されたフローダイヤグラム）および製造施設内見取り図を作成、同時に標準作業手順書を作成します。

手順5　フローダイヤグラムの現場確認
　手順4で作成された事項に誤りや不足がないかどうかを確認します。相違点があれば、危害が発生する原因となる場合があるので標準作業手順書などの修正を行います。

図4-9-1 HACCPシステム導入の12手順

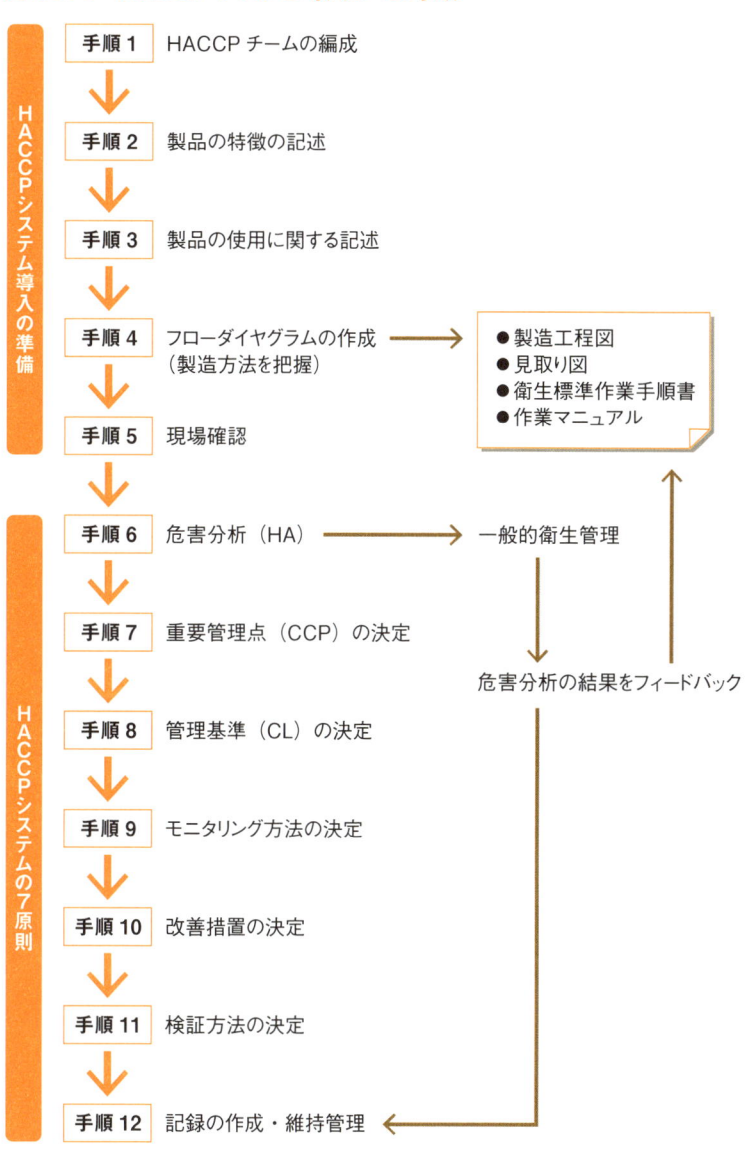

HACCPシステム導入の準備

- 手順1　HACCPチームの編成
- 手順2　製品の特徴の記述
- 手順3　製品の使用に関する記述
- 手順4　フローダイヤグラムの作成（製造方法を把握） → ●製造工程図 ●見取り図 ●衛生標準作業手順書 ●作業マニュアル
- 手順5　現場確認

HACCPシステムの7原則

- 手順6　危害分析（HA） → 一般的衛生管理
- 手順7　重要管理点（CCP）の決定
- 手順8　管理基準（CL）の決定
- 手順9　モニタリング方法の決定
- 手順10　改善措置の決定
- 手順11　検証方法の決定
- 手順12　記録の作成・維持管理

危害分析の結果をフィードバック

● HACCPの7原則（手順6〜12）

7原則は、食品の製造工程におけるすべての潜在的な危害の原因を列挙し、危害分析を実施して特定された危害原因物質を管理する手順です。

手順6【原則1】危害分析（HA）

原材料から製造加工、保管、出荷、流通を経て消費までの全過程において、発生する可能性のある危害要因と情報を収集し、発生条件やリスクの大きさを評価し管理手段を設定しておきます。

手順7【原則2】重要管理点（CCP）の決定

原則1で明らかにされた危害のなかから特に厳重に管理する必要のある工程について、危害の発生をコントロールできる手順、操作を決めます。原材料の生産、受け入れ、製造、加工、貯蔵など全行程において適切な個所に設定します。

手順8【原則3】管理基準（CL）の決定

危害をコントロールするうえで許容できるか否かを判断するモニタリング・パラメーター（監視すべき基準、数値）の基準です。この値を逸脱すれば「製品が安全性を保障する条件下で製造されていない」ことを意味します。

手順9【原則4】モニタリング方法の決定

CCPで決定したCLが正しく管理されていることを確認するためのモニタリング・パラメーターがCLから逸脱したかどうかの確認を行い、管理基準が適切にコントロールされているかセンサーや計測機器を用いて測定し、記録を残します。

手順10【原則5】改善措置を決定

モニタリング・パラメーターがCLから逸脱し、許容範囲を超えた場合正常に戻すためにどのように改善または是正するかを決めておきます。

手順11【原則6】検証手順を決定

HACCPシステムがHACCPプランに従って適切に実施されているかどうか、修正が必要かなどを判定するための方法、手続き、試験検査を決めておきます。

手順12【原則7】記録の文書化と維持管理の設定

すべての手順を文書化するとともに記録し保管しておきます。モニタリン

グの記録や HACCP プランの達成を証明する作業記録など、記録に含まれる情報は、自主管理の貴重な証拠となるだけではなく、問題が発生した場合、重要な役割を果たします。

● **HACCP 承認制度**

日本では「総合衛生管理製造過程の承認」という名称で HACCP システムの承認を行っています（図 4-9-2）。厚生労働大臣により承認された「総合衛生管理過程（HACCP システム）」により衛生管理が行われている工場などで製造された食品には、総合衛生管理（HACCP）厚生労働大臣承認マークがつけられます。

現在、「食肉製品」「乳及び乳製品・アイスクリーム」「容器包装加圧加熱殺菌食品（レトルト食品）」「魚肉練り製品」「清涼飲料水」が HACCP 承認品目と定められ、承認の対象となっています。

図 4-9-2　HACCP 承認制度の流れ

申請（変更承認を含む）および審査

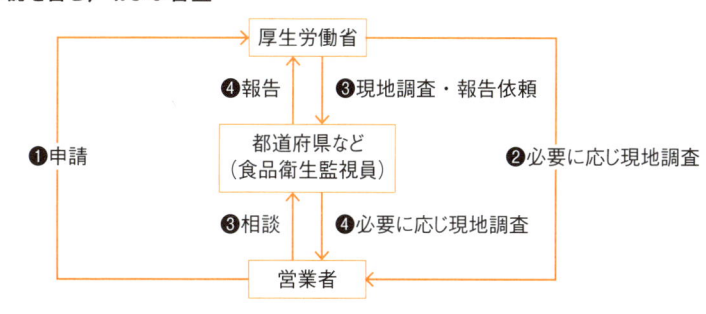

```
                    厚生労働省
         ❹報告    ❸現地調査・報告依頼
                都道府県など
❶申請        （食品衛生監視員）        ❷必要に応じ現地調査
         ❸相談    ❹必要に応じ現地調査
                    営業者
```

承認

```
                    厚生労働省
   承認事項の連絡    ❷承認事項の連絡
                都道府県など
      検疫所     （食品衛生監視員）     ❶承認
                    営業者
```

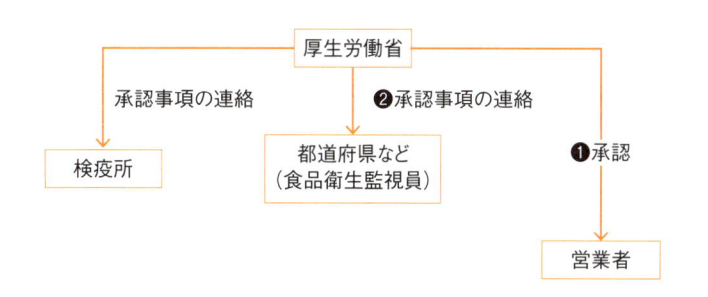

4-10 食品工場とクリーンルーム

●微生物濃度を制御対象にしたバイオクリーンルーム

　クリーンルームは、制御する対象によって一般の塵埃を対象とする「インダストリアルクリーンルーム」と、微生物濃度を制御対象とする「バイオクリーンルーム」に分けられますが、食品工場では無菌状態が求められることから、後者に分類されています。

　微生物濃度の制御のうち、バクテリアは高性能フィルターで除去することができますが、ウイルスはバクテリアに比べ非常に小さいため、フィルターなどで除去するのは困難です。しかし、ほとんどのバクテリアやウイルスなどは、空気中の浮遊塵埃に付着しながら生存していると考えられているため、空気中の塵埃を除去することによって、細菌類も除去できることになります。

　クリーンルームの清浄度というのは、「一定の体積中の基準の大きさ以上の塵埃の数量」で示されます。そして、もともとの規格の原本は1963年のアメリカ連邦規格（Federal Standard209）ですが、現在、一般的に使われているものは209という規格で、これは1フィート立方中（28.8リットル）に0.5ミクロン以上の微粒子が何個あるかで表します。209Dのクラス100の場合、1フィート立方中に0.5ミクロン以上の微粒子が100個以下であることを示し、1,000個以下であればクラス1,000など、数字が小さくなる程、塵のない空間になります（図4-10-1）。求められる清浄度が一番高いのが半導体工場のクラス1～100で、食品工場ではクラス100～100,000です。食品の場合には、空気中に存在する塵埃、微生物、微小昆虫、化学物質などが付着したときに製品事故が発生する危険があるため、調理・包装工程（清潔区域）や加工・加熱工程（準清潔区域）、下処理・材料保管・廃棄物処理の準清潔区域において、外気が直接作業場に流入しないよう、また各区域の空気が別区域へ流入しないようにすることが求められています（図4-10-2）。

図4-10-1　クリーンルームの清浄度

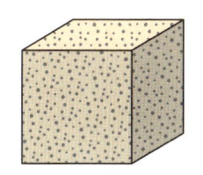

1フィート立方中に0.5ミクロン以上の微粒子が100個以下

209D クラス100

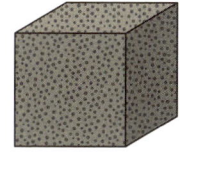

1フィート立方中に0.5ミクロン以上の微粒子が1000個以下

209D クラス1000

清浄度　高　　　　　　　　　　　低

図4-10-2　クリーンルームの概念図

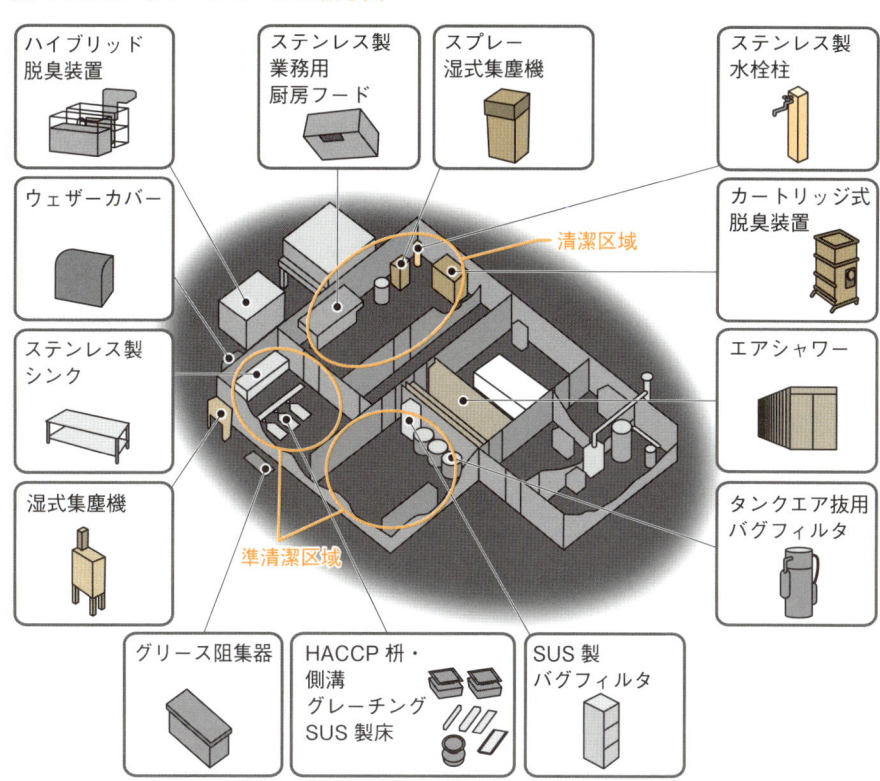

- ハイブリッド脱臭装置
- ステンレス製業務用厨房フード
- スプレー湿式集塵機
- ステンレス製水栓柱
- ウェザーカバー
- カートリッジ式脱臭装置
- ステンレス製シンク
- エアシャワー
- 湿式集塵機
- タンクエア抜用バグフィルタ
- グリース阻集器
- HACCP枡・側溝グレーチングSUS製床
- SUS製バグフィルタ
- 清潔区域
- 準清潔区域

4・食品安全衛生管理の基礎と検査機器

4-11 異物検査機器

●オンラインによる非破壊検査

4-1節で解説したように、食品メーカーにとって食品への異物混入は大きな課題です。そのため、食品の全製造工程中において食材に混入した異物の発見・除去のために、オンラインでの非破壊による全数検査が必要になってきています（図4-11-1）。

異物検査においては、金属検出機やX線異物検出機などを導入した自動化が進んできましたが、プラスチックフィルムや毛髪などの非金属性で低密度な異物に対しては、これまで機械での検知が難しかったことから目視検査に頼ってきました。しかし、最近では光スペクトル情報を利用した検出技術の開発が進み、目視検査困難な異物に対する検査の自動化も可能になってきました。

●金属検出機とX線検査機

金属検出機は異物を検出する方法として最も広く利用されている検査機械で、非接触・非破壊で検査することができ、また選別機と併用して、不良商品を自動的に排除することができます。金属が通ると磁界（磁力線）が変化することを利用し、検査物に金属が混入した場合の磁界の変化を検出することで金属の混入を見つける仕組みになっています。

X線検査機は、レントゲン撮影と基本的に同じ原理で物を透かして中の様子を検知しています。細くビーム状にしたX線を被検査品に照射し、半導体型ラインセンサーで透過量を計測し画像として撮影する仕組みです。撮影されたモノクロのX線透過画像を解析し、異物とそれ以外のものを自動判別します。金属以外にも、ガラス、石、骨、硬質ゴムなどの異物を検出することができます（図4-11-2）。

●毛髪検査を自動化した新技術

　物質は照射する光の波長により吸収量・反射量に変化が生じますが、毛髪の場合には可視光領域なら、どの波長でも反射光強度がほぼ一定で、変化量が小さいことに着目し、この変化量の差を測定することで、毛髪を特定、検知する技術が開発されています。

図 4-11-1　異物検査工程の例

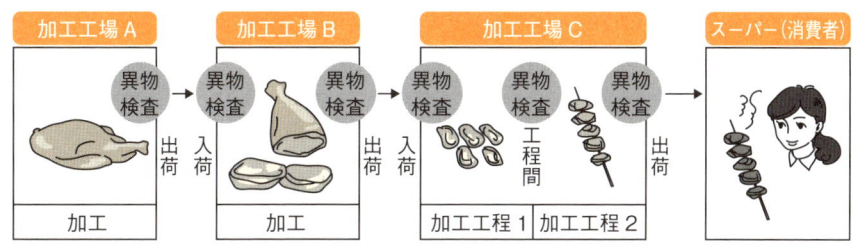

加工工場 A	加工工場 B	加工工場 C	スーパー(消費者)
異物検査 → 出荷	入荷 → 異物検査 → 異物検査 → 出荷	入荷 → 異物検査 → 異物検査(工程間) → 異物検査 → 出荷	異物検査
加工	加工	加工工程1 / 加工工程2	

出荷時、入荷時、また工程間に全数検査することで、どの工程で異物が混入したのかわかる

図 4-11-2　検査機器による検出対象

金属検出機
- 細い針金
- サビ（粒状）
- 金属（鉄、ステンレス、銅、鉛など）

X線検査機
- ガラス
- 石
- 骨、貝殻
- 硬質ゴム　プラスチック

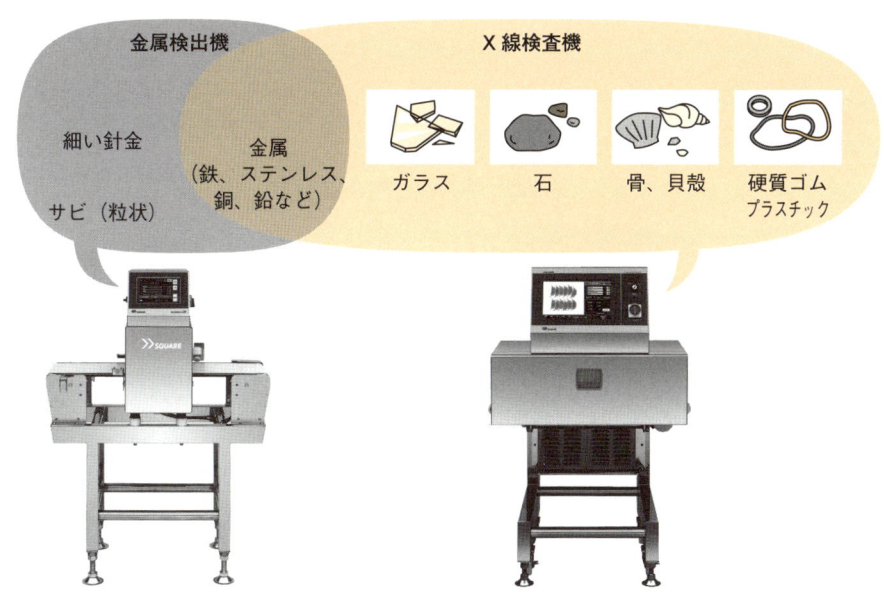

（写真提供：株式会社システムスクエア）

4-12 放射性核種分析機器

●食品中の放射性物質の基準値

　福島第一原子力発電所の事故後、平成23年3月に食品衛生法の規定にもとづく暫定規制値を設定しました。その後、平成24年4月1日に、食品からの年間線量の上限を1ミリシーベルトとする現行の基準値を設定しました。これをもとに食品に含まれる放射性セシウムの基準値も決められました。すべての人が摂取する「飲料水」「一般食品」、さらに、乳児が食べる「乳児用食品」、子どもの摂取量が特に多い「牛乳」の4つの区分で基準値を設定しています（図4-12-1）。

● NaI シンチレーション検出器と Ge 半導体検出器

　食品の放射能検査にあたっては、通常、簡易測定用放射能検査器と精密測定用放射能検査器の2種類があり、それぞれの装置の特徴によって、検査の対象物や検査の目的に応じて使い分けています（図4-12-2）。

　NaI（ヨウ化ナトリウム）シンチレーションタイプの測定器は、食品の基準値を超えているか超えていないかが判別できる簡易測定用で、NaIまたはヨウ化セシウムの結晶を検出器として使用し、放射性物質から出るガンマ線を測定します。価格的にも比較的安価で、測定対象とする食品や水、土壌などが、どの程度の放射能量をもつのか、迅速に測定するのに非常に有効です。ひとつの検体の測定に要する時間は、10～15分程度です。ただし、放射性物質の種類を分離して定量する精度では、ゲルマニウム（Ge）半導体を検出器として使用しているGe半導体検出器より低くなっています。

　Ge半導体検出器は、放射性物質から出るガンマ線を測定するもので、価格的にも高価で、測定時にあたっては冷却が必要となり、操作は簡便なものの研修が必要とされています。分解能に優れ、核種ごとに精度のよい測定が可能となります。飲料水や乳製品など食品中の放射性セシウム基準値が低い検体の測定に使用されています。

しかし、検出限界は、装置の設定状況や測定時間により変動するため、測定にはより長時間が必要となります。また測定対象の検体については、2リットルの測定容器に詰めて測定する方法、100ｇ程度の小型容器に詰めて測定する方法、小型のタッパーウエアを用いる方法など、いくつかの測定方法があり、測定対象の検体の放射能量に合わせて適切な測定容器・測定時間の設定が必要となってきます。

図 4-12-1　食品に含まれる放射性セシウムの基準値

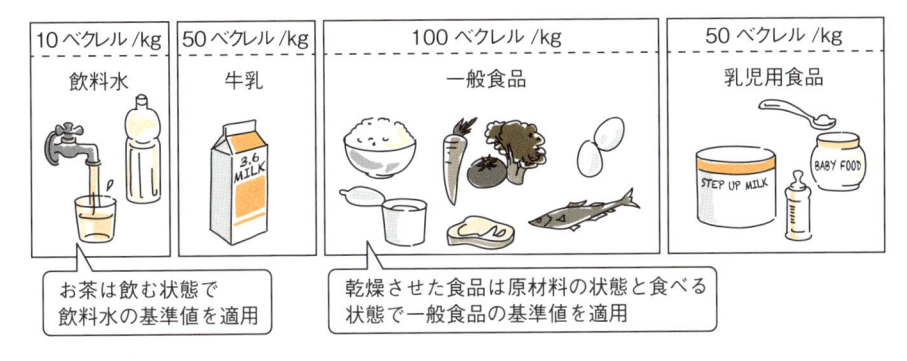

10ベクレル/kg	50ベクレル/kg	100ベクレル/kg	50ベクレル/kg
飲料水	牛乳	一般食品	乳児用食品

お茶は飲む状態で飲料水の基準値を適用

乾燥させた食品は原材料の状態と食べる状態で一般食品の基準値を適用

図 4-12-2　食品の放射能検査

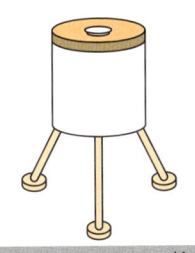

NaI シンチレーション検出器
・簡易測定用
・ヨウ化ナトリウム、ヨウ化セシウムなどの結晶を検出器として使用し、ガンマ線が基準値を超えていないか判別できる

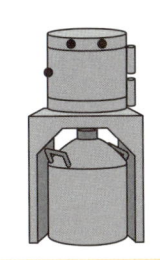

Ge 半導体検出器
・精密検査用
・半導体でガンマ線を探知。種々の放射性物質を特定でき、精度の高い測定ができる

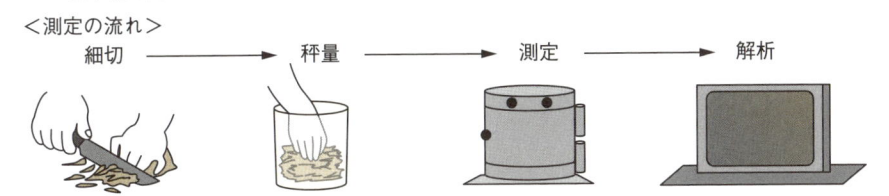

＜測定の流れ＞
細切 → 秤量 → 測定 → 解析

4-13 加工食品における栄養表示基準

●栄養表示基準とは

　栄養表示基準は、一般消費者に販売される加工食品に、栄養成分または熱量に関する表示をしようとする際に義務付けられる基準で、表4-13-1の成分が対象になります。これらの栄養成分のうち、「タンパク質、脂質、炭水化物（糖質および食物繊維の表示に代えることができる）、ナトリウム、および熱量（エネルギー）」については、一般表示事項として表示が義務付けられています（図4-13-1）。7-5節で詳しく解説しますが、平成27年4月1日に新たに食品表示法が施行され、JAS法、食品衛生法、健康増進法の義務表示の部分が一元化され、さらに機能性表示食品制度も導入されました。

　食品表示法では原則としてすべての消費者向けの加工食品、食品添加物に栄養成分表示が義務化されています。義務表示項目として、エネルギー、タンパク質、脂質、炭水化物、ナトリウム（食塩相当量で表示）、任意（推奨）表示項目として、飽和脂肪酸、食物繊維、任意（その他）表示項目として、糖類、糖質、コレステロール、ビタミン、ミネラル類が設定されています。

●成分の測定法と機能性分析

　成分の測定にあたっては、科学技術庁資源調査会食品成分部会編の『日本食品標準成分表分析マニュアル』で、水分、タンパク質、脂質、炭水化物および灰分の一般成分について、詳しく測定法を紹介しています。

　また昨今、食品の三次機能として疾病予防や健康維持にかかる機能（生理機能）が着目されるようになり、それら機能性分析についての関心も集まっています。三次機能とは、栄養の一次機能、嗜好や感覚の二次機能に次いで、生体調節機能を意味していますが、血糖、血圧、脂肪、アレルギー、免疫・炎症、細胞増殖、骨、酸化ストレス、糖化ストレスなどの生体機能の調節に関する食品の評価試験や、成分の定量分析も事細かに行われるようになってきました。

表 4-13-1　表示を義務づけられている栄養成分

栄養成分	表示単位	栄養成分	表示単位
タンパク質	g（グラム）	ナイアシン	mg（ミリグラム）
脂質	g（グラム）	パントテン酸	mg（ミリグラム）
飽和脂肪酸	g（グラム）	ビオチン	μg（マイクログラム）
コレステロール	mg（ミリグラム）	ビタミンA	μg（マイクログラム）またはIUもしくは国際単位
炭水化物	g（グラム）	ビタミンB₁	mg（ミリグラム）
糖質	g（グラム）	ビタミンB₂	mg（ミリグラム）
糖類	g（グラム）	ビタミンB₆	mg（ミリグラム）
食物繊維	g（グラム）	ビタミンB₁₂	μg（マイクログラム）
亜鉛	mg（ミリグラム）	ビタミンC	mg（ミリグラム）
カルシウム	mg（ミリグラム）	ビタミンD	μg（マイクログラム）またはIUもしくは国際単位
鉄	mg（ミリグラム）	ビタミンE	mg（ミリグラム）
銅	mg（ミリグラム）	葉酸	μg（マイクログラム）
ナトリウム	mg（ミリグラム）※1000mg以上の場合は、g（グラムでも可）	熱量	kcal（キロカロリー）
マグネシウム	mg（ミリグラム）		

図 4-13-1　栄養表示基準の表示例

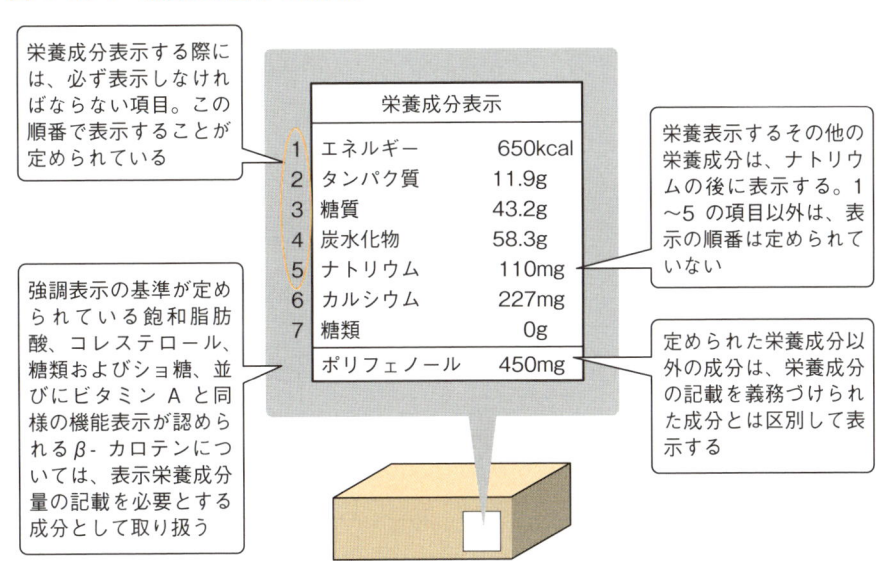

栄養成分表示する際には、必ず表示しなければならない項目。この順番で表示することが定められている

栄養成分表示
1. エネルギー　650kcal
2. タンパク質　11.9g
3. 糖質　43.2g
4. 炭水化物　58.3g
5. ナトリウム　110mg
6. カルシウム　227mg
7. 糖類　0g
ポリフェノール　450mg

栄養表示するその他の栄養成分は、ナトリウムの後に表示する。1～5の項目以外は、表示の順番は定められていない

強調表示の基準が定められている飽和脂肪酸、コレステロール、糖類およびショ糖、並びにビタミンAと同様の機能表示が認められるβ-カロテンについては、表示栄養成分量の記載を必要とする成分として取り扱う

定められた栄養成分以外の成分は、栄養成分の記載を義務づけられた成分とは区別して表示する

4-14 賞味期限と消費期限

●科学的、合理的な判断にもとづく期限の設定

　加工食品の日付表示については、平成7年からこれまでの製造年月日などの表示に代えて、賞味期限（品質保持期限）または消費期限の期限表示を行ってきています。さらに、平成15年7月からは「賞味期限」と「品質保持期限」の2つの用語が「賞味期限」に統一されるとともに、「賞味期限」および「消費期限」のいずれについても、定義の統一が行われています（図4-14-1）。

　期限の設定は、食品などの特性、品質変化の要因や原材料の衛生状態、製造・加工時の衛生管理の状態、保存状態などの諸要素を総合的に考えて、科学的、合理的に行う必要があります。そのため、個々の食品の特性に十分配慮したうえで、食品の安全性や品質などを的確に評価するための客観的な項目（指標）にもとづき、期限を設定する必要があるとしています。

●期限設定を決める代表的な試験

　もともとは商品の状況を人間の視覚・味覚・嗅覚などの感覚を通して、それぞれの手法にのっとった一定の条件下で評価するような「官能検査」によって期限が設定されていました。しかし、測定機器を利用した検査と比べて、誤差が生じる可能性が高く、また、結果の再現性も体調、時間帯などの多くの要因により影響を受けるため、客観的な項目（指標）を得ることが難しくなります。その点「理化学検査」「微生物検査」などにおいて数値化すると客観的な指標になることから、検査を通して期限の設定が行われています（表4-14-1）。

　「理化学検査」は、食品の製造日からの品質劣化を理化学的分析法により評価するものです。食品の性状を反映する指標を選択し、その指標を測定することにより、賞味期限の設定を判断します。一般的な指標としては、「粘度」「濁度」「比重」「過酸化物価」「酸価」「pH」「酸度」「栄養成分」「糖度」などがあげられます。

「微生物検査」では、食品の製造日からの品質劣化を微生物学的に評価するものです。一般的な指標としては、「一般生菌数」「大腸菌群数」「大腸菌数」「低温細菌残存の有無」「芽胞菌の残存の有無」などがあげられ、試験検査を踏まえて「ここまでなら大丈夫」と定めた期間に対して、安全率を考え、実際の表示期限となります。

図 4-14-1　消費期限と賞味期限の違い

消費期限　年月日表示（場合により時間も表示）
- 長くは保存がきかない食品に表示
- 開封していない状態で、表示されている保存方法にしたがい保存した場合に、食べても安全な期限を示す

弁当、サンドイッチ、生めん、生菓子など

賞味期限　年月日表示 または年月表示
- 冷蔵や常温で保存がきく食品に表示
- 開封していない状態で、表示されている保存方法にしたがい保存した場合に、おいしく食べられる期限を示す

ソーセージ、スナック菓子、レトルト食品、缶詰など

表 4-14-1　消費期限・賞味期限設定の検査の例

検査の種類	官能検査	理化学検査	微生物検査
検査方法および検査項目	色・味・匂い・食感などについて、複数のパネラーが評価	水分活性（Aw） 水分 pH 酸価（AV） 過酸化物価（POV） 揮発性塩基性窒素（VBN） 酸度 沈殿、混濁物	一般生菌 大腸菌群 大腸菌（E.coli） 酵母数 カビ数 乳酸菌 低温細菌数 好気性芽胞菌
特徴	条件によって、誤差が生じることが多い	数値化することによって、客観的な指標となる	

4-15 食物アレルゲンと遺伝子組換え食品

●食物アレルゲン

　食物アレルギーを引き起こすことが明らかになった食品のうち、症例が多いものや症状が重篤なものとして、卵、乳、小麦、そば、落花生、エビ、カニの7品目を「特定原材料」とし、これらを含む加工食品には表示が義務付けられています。さらに、過去に一定の頻度で健康被害がみられた20品目については「特定原材料に準ずるもの」とし、これらを含む加工食品には通知で表示が推奨されています（図4-15-1）。

●遺伝子組換え食品検査

　ほかの生物から有用な性質をもつ遺伝子を取り出し、その性質をもたせたい植物などに組み込む技術（遺伝子組換え技術）を利用してつくられた食品のことを遺伝子組換え食品といいます。現在、日本で流通している遺伝子組換え食品として、下記のものがあります（表4-15-1）。
　①遺伝子組換え農作物とそれからつくられた食品
　②遺伝子組換え微生物を利用してつくられた食品添加物
　しかし、健康への影響について、未だ研究段階であることなどから、国内では使用に不安が高まっています。そのため、大豆、トウモロコシ、ジャガイモ、ナタネ、綿実、アルファルファ、テンサイ、パパイヤを使った加工食品には、遺伝子組換え食品使用の有無についての表示があります。また、遺伝子組換え作物の混入を調べる遺伝子組換え食品検査（GMO）が行われています。

図4-15-1 アレルギー指定食品原料

特定原材料
表示が義務付けられているもの

卵　乳　小麦　そば
落花生　エビ　カニ

特定原材料に準ずるもの
表示が望ましいもの

オレンジ　リンゴ　キウイフルーツ　バナナ　モモ　くるみ　大豆　マツタケ　ヤマイモ　牛肉　鶏肉　豚肉　アワビ　イカ　イクラ　サケ　サバ　ゼラチン　ゴマ　カシューナッツ

表4-15-1 遺伝子組換え食品

	名称	性質
遺伝子組換え農作物	大豆	特定の除草剤で枯れない。特定の成分を多く含む
	トウモロコシ	害虫に強い。特定の除草剤で枯れない
	ジャガイモ	害虫に強い。ウイルスに強い
	ナタネ	特定の除草剤で枯れない
	綿実	害虫に強い。特定の除草剤で枯れない
	アルファルファ	特定の除草剤で枯れない
	テンサイ	特定の除草剤で枯れない
	パパイヤ	ウイルスに強い
遺伝子組換え微生物を利用した食品添加物	キモシン	天然添加物の代替（安定供給）
	α-アミラーゼ	生産性の向上
	リパーゼ	生産性の向上
	プルラナーゼ	生産性の向上
	リボフラビン	生産性の向上
	グルコアミラーゼ	生産性の向上
	α-グルコシルトランスフェラーゼ	生産性の向上

4・食品安全衛生管理の基礎と検査機器

❗ 農林水産業の六次化と食品加工の課題

　これまで第一次産業として、農林水産物の生産だけにとどまっていたとされていた農林水産業者は、今後、生産物を原材料とした加工食品の製造や販売の第二次産業、あるいは観光農園、農家レストラン、農家民宿などの第三次産業にまで踏み込んで取り組むことが、付加価値を高めることになります。つまり１＋２＋３の発想で六次化していくことが大切だと、東京大学名誉教授の今村奈良臣氏が提唱したのが「農林水産業の六次化」です。農家などが加工や販売・サービスまで手掛け、農林水産物の付加価値を高めることで、所得向上や雇用の創出につなげようと、今や全国の事業者が知恵を凝らして六次産業化に取り組んでいます。

　産直施設などは食品スーパーをしのぐ売上をあげるなど、成功事例も多く聞かれるほどに定着しつつある六次産業化ですが、食品製造という面では、まだまだ未成熟な面を否定できません。例えば、食品衛生に対するリスクの認識やその知識、マーケティングにおける原価管理などです。生鮮野菜や果樹を産直に出すことと同じ感覚で、漬物や惣菜などを、自家製と称し、自宅で食べている状態で製造販売し、食中毒の事故を起こしているケースなどが起きています。

　大ヒットした農産加工品に注目が集まる一方で、補助金を得てつくった、衛生管理と原価無視の売れぬモノづくりもまた多いのも現状です。

　自宅で食べているから安全で、伝統製法で昔から変わらぬつくり方だからおいしく安心だということだけの食品製造は、やがて通用しなくなると感じています。

　少子高齢化や人口減少などで、今後ますます日本人の胃袋が小さくなっていく時代に、国からの補助金を頼りに、六次産業化を目指して取り組んでいる農家の食品加工の将来像は、未だよく見えていないのが現状です。

第5章

食品の包装と流通の新技術

食品の新商品開発では、
新しい包装技術が加工技術と組み合わされて
新商品が生み出されています。
さらに、流通技術では冷凍・冷蔵保管技術、
配送システム、輸送包装技術などの発達が
商品の広域流通を可能にしてきました。

5-1 包装材の種類

●包装の目的

　包装の基本的な目的は、製品を湿気や温度、においなどの外部環境から保護・隔離して、できるだけ製造直後の状態をそのまま維持して消費者に渡すことです。内容品によって悪影響をおよぼす要因が異なるため、内容品に合わせた包装材料・設計が必要となります。

　また、見た目による差別化を図ることでの販売促進効果も、包装の大きな目的となっています。さらに、消費者にとって利用しやすい形態であることも求められています。

●包装材の素材

　包装材は安全で衛生的であることは当然のことながら、内容品に合わせてさまざまな形状に変化できる素材であることが求められます（図5-1-1）。

金属缶
　金属缶の長所は強度・耐熱性が高いこと、光線・酸素・水蒸気をまったく通さないことがあげられます。

ガラス容器
　ガラス容器は透明で中が見やすく、形状、大きさも自由に選択でき、クロージャーを使用することによって再封が可能になります。また、化学的耐久性や密封性があり、常温で長期保存が可能です。再使用や再利用が可能です。

紙
　紙は最も使われている包装材です。剛性があるため立体化でき、内部に空気を含むため、緩衝性や断熱性があります。低温から高温に耐性があり、冷凍からオーブンまで利用可能です。

セロハン
　セルロースを加工してつくられる透明な膜状の物質で、普通セロハン（PT）と防湿セロハン（MST）の2種類があります。薬品の包装、菓子の包装な

どに使用されます。印刷適性に優れています。

プラスチック

　プラスチックは熱を加えることにより可塑性が高まり、フィルム、シート、成形品などさまざまな形状に加工することができます。プラスチックには、ポリエチレン、ポリプロピレン、ポリスチレン、ポリ塩化ビニル、ナイロン、ポリエステル、フェノール樹脂などさまざまな種類があり、用途により使い分けられています。

図 5-1-1　おもな食品の包装材の性質

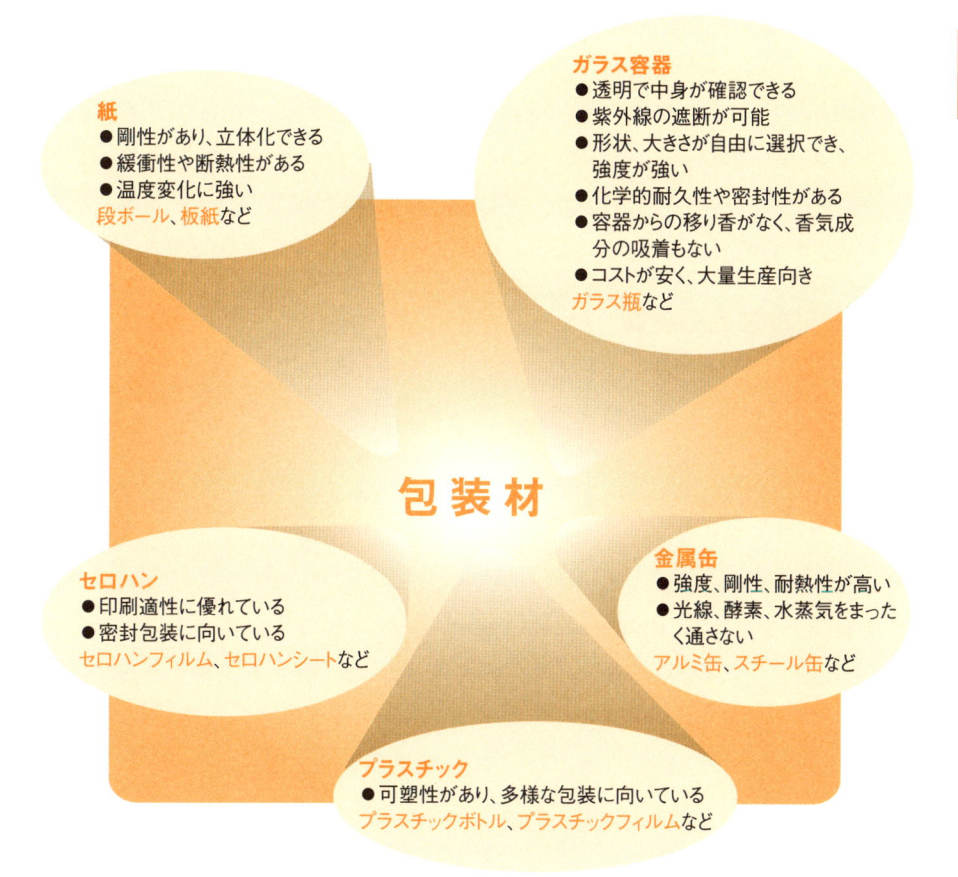

紙
- 剛性があり、立体化できる
- 緩衝性や断熱性がある
- 温度変化に強い

段ボール、板紙 など

ガラス容器
- 透明で中身が確認できる
- 紫外線の遮断が可能
- 形状、大きさが自由に選択でき、強度が強い
- 化学的耐久性や密封性がある
- 容器からの移り香がなく、香気成分の吸着もない
- コストが安く、大量生産向き

ガラス瓶 など

包装材

セロハン
- 印刷適性に優れている
- 密封包装に向いている

セロハンフィルム、セロハンシート など

金属缶
- 強度、剛性、耐熱性が高い
- 光線、酵素、水蒸気をまったく通さない

アルミ缶、スチール缶 など

プラスチック
- 可塑性があり、多様な包装に向いている

プラスチックボトル、プラスチックフィルム など

5・食品の包装と流通の新技術

115

5-2 無菌充填製品

●無菌充填製品とは

　無菌充填製品または無菌包装製品とは、食品の滅菌と包装材料の滅菌を別々に行い、無菌環境下で食品を容器に充填・包装する長期保存可能な製品です（図5-2-1）。

　この技術は長期保存可能な技術として脚光を浴び、その後大きな発展を遂げてきました。日本に最初に導入されたのは1960年代で、直接および間接滅菌機と無菌充填機を組み合わせた長期保存可能なLL（ロングライフ）牛乳（図5-2-2）が登場しました。その後、さまざまな分野に展開され、1980年代には飲料、クリームに、少し遅れてデザート、スープ、流動食などに利用されています。

●無菌充填製品の特徴

　無菌充填製品は、殺菌工程が一般的にUHT（超高温加熱殺菌）を行ってから急冷却するため、品質面では「熱履歴が小さい」「食品の理化学的変化が少ない」「製品の風味がよい」「ビタミンや栄養成分の破壊が小さい」などの優れた特徴があります。また、製造、物流面からは「賞味期限を長く設定できる」「計画生産・計画物流が可能」「店頭からの返却ロスも少ない」などのメリットがあります。

　消費者の立場からは長期保存が可能で、風味や香りの変化が少なく、うまみのあるおいしい商品を食べることができ、また、衛生的で安全な商品が食べられるなど多くのメリットがあります。

図 5-2-1 無菌充填製品のイメージ

無菌に管理された環境

滅菌された食品 → 無菌移送
滅菌された容器 → 無菌移送

空気に触れず充填・包装する

図 5-2-2 ＬＬ牛乳

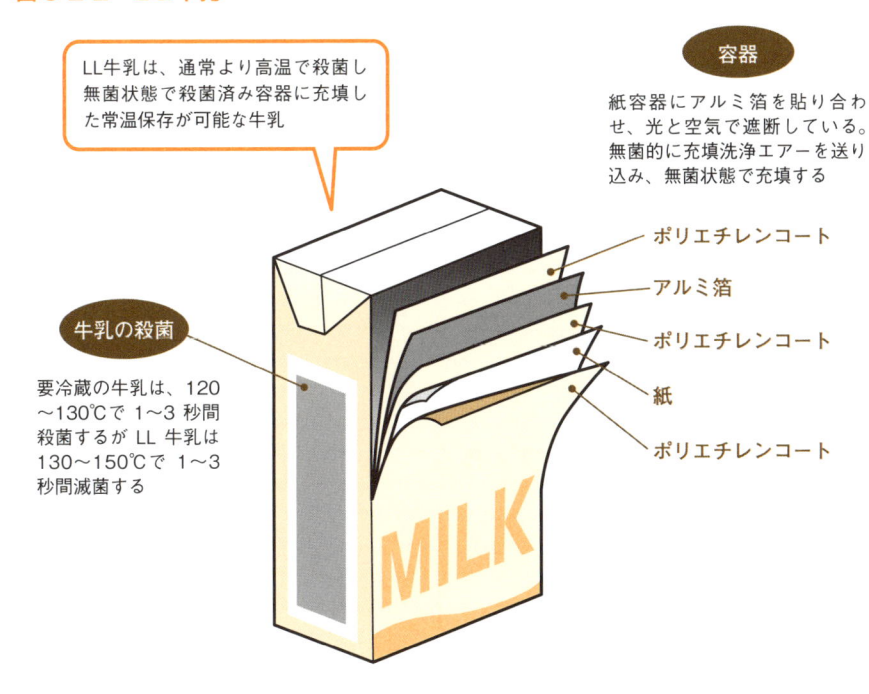

LL牛乳は、通常より高温で殺菌し無菌状態で殺菌済み容器に充填した常温保存が可能な牛乳

容器
紙容器にアルミ箔を貼り合わせ、光と空気で遮断している。無菌的に充填洗浄エアーを送り込み、無菌状態で充填する

牛乳の殺菌
要冷蔵の牛乳は、120〜130℃で1〜3秒間殺菌するがLL牛乳は130〜150℃で1〜3秒間滅菌する

- ポリエチレンコート
- アルミ箔
- ポリエチレンコート
- 紙
- ポリエチレンコート

5・食品の包装と流通の新技術

5-3 PPフィルム

●ポリプロピレン（PP）フィルム

　ポリプロピレン（PP）フィルムは、透明性や耐熱性に優れた包装材です。PPフィルムを袋に加工したものを「PP袋」といいます。また、PPフィルムは任意の幅にカットしたシートとしても使われます。PPは延伸フィルム（OPPフィルム）、無延伸フィルム（CPPフィルム）、インフレーションポリプロピレン（IPPフィルム）と大別されますが（表5-3-1）、包装材としてはOPPが一般的です。OPP、CPPとも、ほかのフィルムとのラミネート（貼り合わせ）で使用されることが非常に多いです。

●延伸フィルム（OPPフィルム）

　OPPは、Oriented Polypropylene（オリエンテッドポリプロピレン）の略で、日本語では、「延伸ポリプロピレン」とよばれています（図5-3-1）。OPPフィルムの特徴は、透明で張りがあり、衝撃にも強く、耐水性に優れ、印刷しやすく、環境にやさしいという利点があり、文房具などの個包装によく使われてきました。最近では食品用のOPP袋も多くなってきました。OPP袋は縦、横の2方向に延伸された2軸延伸ポリプロピレンが主流になっています。また、延伸する工程で熱固定を経ていないものは、熱でよく収縮することから、食品ではジャムのびんやドレッシングのびん、お酒の紙パックなどのシュリンクフィルムとして使用されています。

●無延伸フィルム（CPPフィルム）

　CPPは、Cast Polypropylene（キャストポリプロピレン）の略です。日本語では、「無延伸ポリプロピレン」とよばれています。ポリプロピレン材を伸ばさず加工したフィルムで、丈夫で透明度の高いプラスチックフィルムです。OPPとは異なってやや柔らかいですが、引っ張りや引き裂きに強度があります。

●インフレーションポリプロピレン（IPPフィルム）

　IPPはOPPとCPPがおもにシート状に製造されるのに対し、チューブ状に製造されます。底を1か所シール加工すれば袋状になるため、OPPやIPPよりは工程が少なく安価に製造できるという特徴があります。

表5-3-1　OPP・CPP・IPPの違い

比較	OPPフィルム	CPPフィルム	IPPフィルム
加工方法	Tダイ法	Tダイ法	インフレーション法
フィルム	シート状	シート状	チューブ状
製袋方法	サイドシール	サイドシール	ボトムシール
各種加工	加工しやすい	加工しやすい	加工しにくい
印刷	印刷しやすい	印刷しやすい	印刷しやすい
張り	とても張りがある	張りがある	張りがある
伸び	あまり伸びない	よく伸びる	よく伸びる
透明度	とても透明度が高い	透明度が高い	透明度が高い
耐熱性	とても熱に強い	熱に強い	熱に強い
裂けにくさ	裂けやすい	裂けにくい	とても裂けにくい
衝撃耐性	とても衝撃に強い	衝撃に強い	衝撃に強い
流通量	とても多い	多い	少ない

図5-3-1　OPPフィルムとその特徴

OPPフィルム

特徴
- 透明で張りがある
- 衝撃に強い
- 耐水性に優れる
- 印刷しやすい
- 環境にやさしい

（写真提供：株式会社城北商会）

5-4 可食フィルム

●デンプンを素材にしたフィルム

　可食フィルムの原型は、苦くて飲みにくい粉薬などを服用する時やキャラメルの包み紙の代わりとして使われたオブラートです。その原料はジャガイモやサツマイモなどのデンプンです。デンプンには、水に溶けず消化しにくいものが、煮ると糊状になり、消化吸収しやすいものに変化する性質があります。さらにそのまま放置すると糊内部の水分がにじみ出て、再び消化しにくい状態に戻る、「老化」という状態になります。しかし、デンプン糊の含水率が10〜15%程度の乾燥した状態では老化は起きません。オブラートはこの仕組みを応用して、糊状になったデンプンを急速乾燥させて、食べられる状態に加工したものになっています。

　可食フィルムは、このオブラートのほか、ゼラチンなどの天然タンパク、寒天などの天然多糖質を原材料にしています（表5-4-1）。可食印刷ができる、水や温水に溶かせる、熱によって製袋加工ができるなどの特徴をもっています。

　フィルム自体は無味無臭なものが多いことから、用途としては、キャラメルの包み紙のほか、袋のままお湯などをかけて食べるといったインスタント食品の可食製袋材料としても使われています。

●可食インク

　食品衛生法にもとづいた食用色素や食品添加物だけで構成・製造された可食インクを使った食品も多く開発されています。ホットケーキやクッキー、キャンディなどに、キャラクターを絵付けしたお菓子などがあります（図5-4-1）。可食インクは天然可食性インクと食用可食性NKインクの2つに分けることができます（表5-4-2）。

表 5-4-1　可食フィルムの原材料

海藻抽出物	カラギーナン、寒天、ファーセレラン、アルギン酸類
植物樹脂物	アラビアガム、トラントガム、カラヤガム
種子抽出物	ローカストビーンガム、グァーガム、タラガム
果実粘着物	ペクチン、アラビアノガラクタン
微生物産生物	キサンタンガム、ジェランガム、カードラン、プルラン
タンパク質系	ゼラチン、カゼイン、アルブミン
デンプン系	アミロース、アミロペクチン
セルロース系	HPC、HPMC、CMC、MC

図 5-4-1　可食インクを使った食品例

（写真提供：株式会社 SO-KEN）

表 5-4-2　可食インクの種類

天然可食性インク（天然色素）	ベニコウジ色素、クチナシ青色素、クチナシ黄色素などを用いた天然色素
食用可食性 NK インク（合成色素 第 8 版 食品添加物公定書色素規格基準）	食用赤色 102 号、食用赤色 106 号、食用青色 1 号、食用黄色 4 号などで構成されるインク

5・食品の包装と流通の新技術

121

5-5 ガスバリヤー性包材

●ガスバリヤー性とは

　食品や飲料の包装材料はその用途に応じて、力学強度、軽量性、耐熱性、耐水油性、耐紫外線性などさまざまな機能特性が要求されます。なかでもプラスチック（合成樹脂）製の包装材料においては、ガス（酸素、水蒸気、窒素、炭酸ガスなど）に対するバリヤー性は最も重要な特性のひとつとなります（図5-5-1）。例えば、食品の包装容器内に酸素ガスが侵入すると、食品の酸化劣化や変色・退色の原因となったり、好気性菌の増殖やカビ発生を促進させるおそれがあります。また、水蒸気に関しては、乾燥食品や医薬品などが流通過程で吸湿すれば、油脂、ビタミン、色素成分などの酸化、分解、褐変をともなう固結・硬化が進行したり、逆に多水分系の食品においては、乾燥による目減りや食感の変化などが生じる可能性があります。

　ガスバリヤー性を付与する最も簡単な方法はバリヤー性樹脂を使用することですが、一般的にはラミネート・多層成形による方法やコーティングによる方法が用いられます。

●アクティブ・パッケージング

　酸素バリヤー性樹脂やバリヤーコーティング材を用いる方法は、酸素の包装内部への侵入を防ぐという受動的な包装技法（Passive Packaging）に属するものです。一方、このような受動的な技法とは異なり、容器の内部に侵入してくる酸素を積極的に取り除くタイプの技法があり、アクティブ・パッケージング（Active Packaging）とよばれています。

　例えば、「酸素吸収ボトル」は、酸素バリア層の間にさらに酸素吸収層がはさみこんであり、わずかに透過してきた酸素も吸収し、容器内部に透過させないという新機能をもっています（図5-5-2）。

　また、酸素濃度を変えることによりカビや好気性菌を抑制し、製品の品質を保持することも可能です。

図 5-5-1　ガスバリヤー性

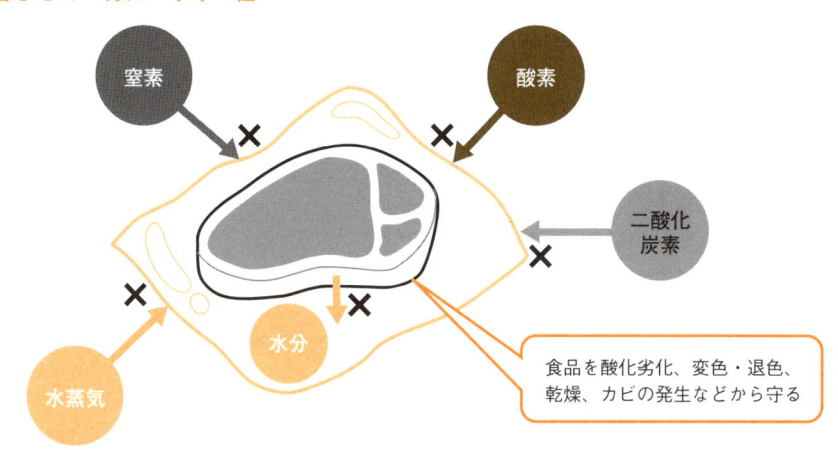

食品を酸化劣化、変色・退色、乾燥、カビの発生などから守る

図 5-5-2　酸素吸収ボトル

パッシブ・パッケージング

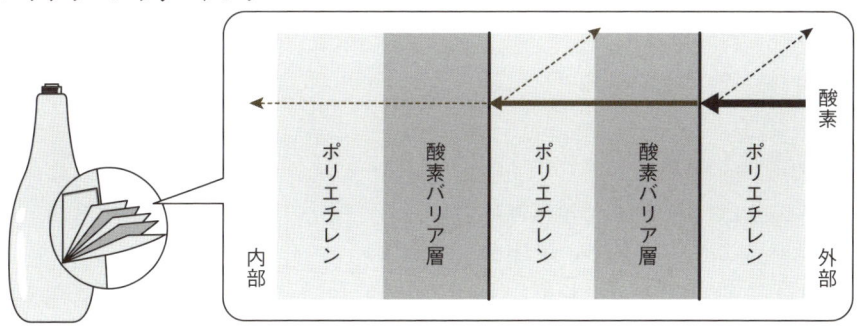

内部　ポリエチレン　酸素バリア層　ポリエチレン　酸素バリア層　ポリエチレン　外部　酸素

アクティブ・パッケージング

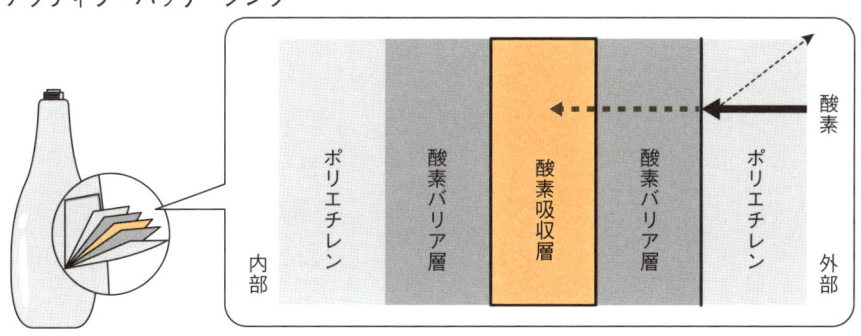

内部　ポリエチレン　酸素バリア層　酸素吸収層　酸素バリア層　ポリエチレン　外部　酸素

（キユーピー株式会社ホームページをもとに作成）

5-6 レトルト食品用包材

●レトルトパウチ

3-2節で解説したように、レトルトは加圧下で100℃を超えて加圧加熱殺菌することを意味します。120℃、30〜60分が最も一般的で、105〜115℃のセミレトルト、130℃以上のハイレトルトなどが行われています。使用される袋を「レトルトパウチ」とよびます。専用の袋の開発による商業利用の第一号は1968年のボンカレー®になります。

●レトルトパウチの基本的な必要性能

レトルトパウチに求められる性能として、以下の6点があげられます。
① 安全性
② 無味、無臭性
③ 耐熱性
④ 防湿性と酸素遮断性
⑤ ヒートシールによる完全密封
⑥ シール強度や突刺し、耐圧などの強度

これらの性能をもったレトルトパウチの断面は、ベース基材＋接着剤＋バリヤー材＋接着剤＋シーラントで構成されます（図5-6-1）。ベース基材として代表的なのが、PET、ON（延伸ナイロン）、レトルト用KON（PVDCコートON）、バリヤー性ONの4種類で、それぞれに耐熱性や防湿性、酸素遮断性などを有しています。

バリヤー材としては、ALアルミ箔、レトルト用EVOH（エチレンビニルアルコール共重合体）、PVDC、OSM（東洋紡製バリヤー性ナイロン）、透明蒸着PETなどがあり、シーラントもまた、各種の耐熱タイプがあります。

さらに、レトルトできる容器としては、PP容器、PP/EVOH/PP、AL複合、スチール複合などが使用されています。

表5-6-1にレトルトパウチによって守るべき品質を示します。

図 5-6-1　レトルトパウチの性能とその構成

レトルトパウチの性能

①安全性(食品衛生法、FDAなど)に適合している
②無味、無臭である(特にシーラント)
③耐熱性が十分である
④防湿性、酸素遮断性に優れている
⑤ヒートシールにより完全密封できる
⑥強度(シール強度、突刺し、耐圧など)が適合する

レトルト用ラミネートフィルムの基本構成

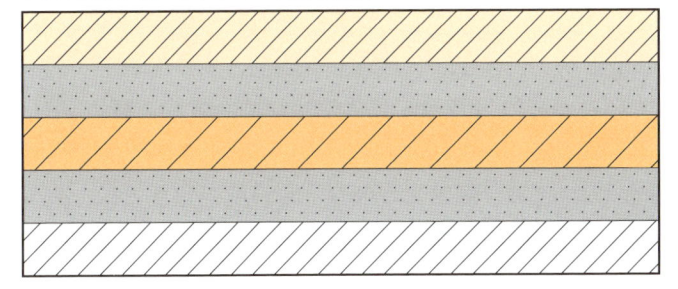

← ベース基材
← 接着剤
← バリヤー層、強度補強
← 接着剤
← シーラント

表 5-6-1　レトルトパウチの品質保護

守るべき中身の品質	包装の機能
風味低下防止のため中身の乾燥を防ぐ	防湿性、酸素遮断性
新鮮さを保つため微生物の侵入を遮断	レトルト殺菌、耐熱性
油の酸化防止	酸素遮断性

5-7 輸送包装

●輸送包装と消費者包装

　包装は、輸送のための輸送包装と消費者の手に届くための消費者包装の2種類に分類されています。輸送包装は、物品が生産され、消費者の手に届くまでに必要な保護機能に加え、生産性、機械適応性、便利性、保温性、防湿性、防錆性、安全衛生性、廃棄性、販売促進性など、その商品の性質と流通の環境によりさまざまな機能が要求され、しかも低コストであることが前提とされています。食品加工に関わる部分では、特に輸送の段階における機能が重視され、発泡スチロールや、段ボールといった輸送包装が利用されています（図5-7-1）。

　日本においては、瓶詰包装、缶詰包装、段ボール包装、プラスチック包装など近代包装を支えている多くの包装技術は、明治以降海外から導入され、日本的に改善され発展したものです。日本は高温多湿地帯に位置する包装先進国であり、防湿包装、真空包装、脱酸素包装など生鮮食品包装では、世界の包装業界をリードするまでの技術力を備えています。

●発砲スチロール

　発泡スチロールは1950年にドイツで開発され、日本では1959年より国産化されました。当初は、コルクの代替品として冷凍・冷蔵用として使われていましたが、発泡スチロールのもつ優れた特性を活かして、生鮮食品の輸送箱や家電やOA機器の緩衝材、住宅建材など私たちの生活の身近なところで使われるようになりました。

　発泡スチロールは、白くて軽いのが特徴で、石油からつくられたポリスチレン（PS）を小さな粒状にした原料ビーズを約50倍に発泡させてつくられるため（図5-7-2）、製品体積の約98%が空気で、原料はわずか2%の省資源な素材です。

図 5-7-1　輸送包装に用いられる発泡スチロール

図 5-7-2　発泡スチロールの製造工程

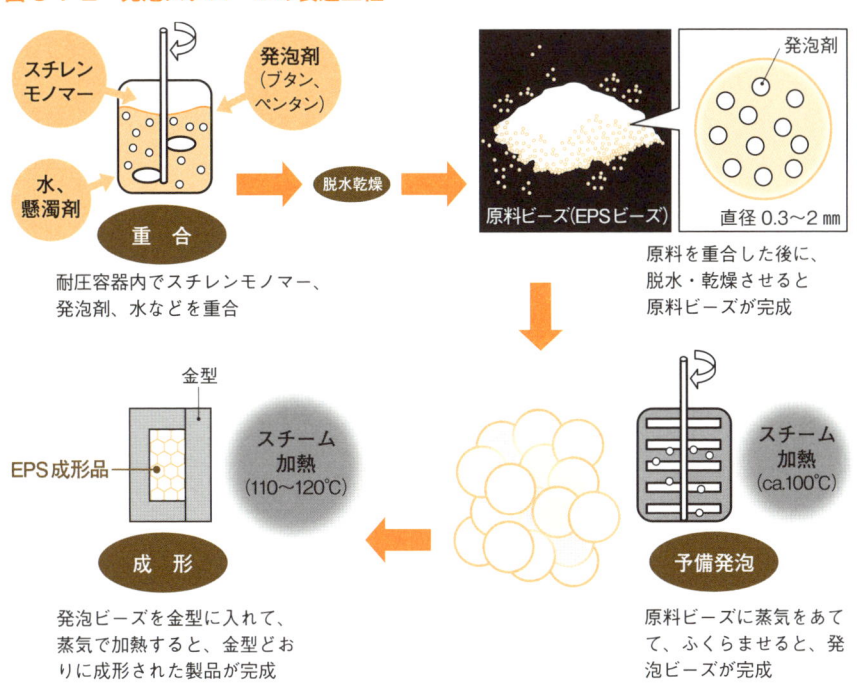

重合
耐圧容器内でスチレンモノマー、発泡剤、水などを重合

スチレンモノマー／発泡剤（ブタン、ペンタン）／水、懸濁剤

↓ 脱水乾燥

原料ビーズ（EPSビーズ） 直径0.3〜2mm
原料を重合した後に、脱水・乾燥させると原料ビーズが完成

↓

予備発泡　スチーム加熱（ca.100℃）
原料ビーズに蒸気をあてて、ふくらませると、発泡ビーズが完成

↓

成形　スチーム加熱（110〜120℃）　金型／EPS成形品
発泡ビーズを金型に入れて、蒸気で加熱すると、金型どおりに成形された製品が完成

5・食品の包装と流通の新技術

5-8 新配送システムとトレーサビリティ

●新配送システムの概要

　食品流通に関しては、消費者の利益を第一に考えたシステムが最優先され、ITなどを活用した、最適で低環境負荷型の物流システムが求められています。生鮮食料品のEDI標準（受発注などの取引情報を電子的に交換する方法の標準的な取り決め）の導入などによる電子商取引の統一的方式の普及や、効率的な物流管理システムなどで新技術の活用が進められています。

　また近年は、遺伝子組換え作物の登場や異物混入、食品アレルギー、偽装表示、産地偽装問題などの事件が相次ぎ、食品分野でのトレーサビリティが注目されています。

●トレーサビリティシステムの概要

　食品メーカーで採用されているトレーサビリティシステムの一般的な流れは下記のようになります（図5-8-1）。
　①原料の受入時にラベル（QRコード）発行とラベル貼付
　②原料の在庫管理時のラベル読み取り
　③原料を小分けし、個々の荷姿ごとに固有のQRコードを貼付する
　④原料を混合し、一連の製造工程において原料ラベルの読み取り
　⑤製品の充填・梱包後、製品の「賞味期限」「加工時刻」「加工ライン」が把握可能となるナンバーを印字
　⑥段ボールにQRコードを貼付して出荷工場出荷以降も、商品ラベルに表示されたコードをもとに、流通過程を経て、一般消費者に届くまでの個体管理を進める。

　このように、個別商品のコードには、加工時間や製造ラインなどが把握され、万が一の事故にあった際は、消費者の手元にある商品コードからさかのぼるようにして、製造ライン、製造時間、原材料メーカー（生産者）まで掌握できるシステムになっています。

図 5-8-1　トレーサビリティシステムの流れ

入荷先

原料

食品メーカー

①受入時
製造日、製造方法、賞味期限、ロット番号などの情報を書き込んだラベルを貼付

②在庫管理時
賞味期限、ロットごとに在庫

③小分け時
原料を小分けし、個々にラベル貼付

④混合・製造時
小分けした個々のラベルを読み込み、製造したロット製品とデータの連結

⑤製品の充填・梱包時
賞味期限、加工時刻、加工ラインなどを製品に印字。原料とデータ連結

⑥出荷時
段ボールにラベル貼付

製品

出荷先

5．食品の包装と流通の新技術

129

5-9 脱酸素剤の活用

●脱酸素剤とは

　空気中には酸素が約21%、窒素が約78%、そのほか約1%の構成比で存在します。脱酸素剤は、密封された包装材内の酸素を吸収して無酸素状態にし、残りの気体を不活性ガス窒素にすることで、酸素による食品の劣化を防止する目的で使用されます（図5-9-1）。脱酸素剤は酸素ガス遮断性（ガスバリヤー性）の特徴をもつ包装材に食品と一緒に入れて、密閉保存して使用します。

　脱酸素剤の効果は、下記の3点です。
　　①油脂やビタミンの酸化防止、風味、色調、香り、栄養素の長期間保持
　　②カビや好気性細菌の増殖ならびに害虫の発育防止
　　③金属の錆発生防止など
　鉄の酸化を利用して酸素を吸収する鉄系と、糖やレダクトンの酸化反応による有機系のものがあります。

●脱酸素剤の種類

　脱酸素剤は水分の多い食品向けの水分依存型と、低水分食品に向く自力反応型があります（表5-9-1）。前者は、食品の水分を吸収して反応を開始するタイプです。一方、後者は脱酸素剤の外袋を開封した直後（空気に触れた直後）から反応するタイプです。

　水分依存型では、高水分食品用ならびにこの耐油タイプ、電子レンジ対応タイプがあります。自力反応型では、速攻タイプ、耐水・耐油タイプ、冷凍・冷蔵用、低水分食品用ならびにこの耐油タイプ、酸性食品用、アルコール・油含有食品用、香り保持・乾燥剤可タイプなどがあります。

　一方、複合型として、有機系（図5-9-2）や炭酸ガス発生なしのもの、炭酸ガス吸収・コーヒー用、炭酸ガス発生・耐油タイプがあります。

　使用に際しては、商品の種類や用途、包装形態など最も適したタイプを選

定する必要があります。

図 5-9-1　脱酸素剤のはたらきと目的

はたらき

窒素　酸素　→　脱酸素剤が酸素を吸収　→　容器内は脱酸素状態に

脱酸素剤

目的

- 油脂やビタミンの酸化防止
- 風味、色調、香り、栄養素の長期間保存
- カビ、好気性細菌の増殖防止
- 金属の錆発生防止

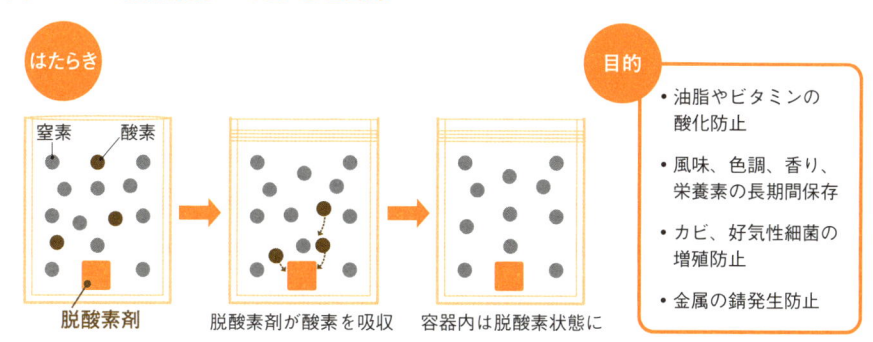

表 5-9-1　脱酸素剤の種類と用途

脱酸素剤の種類と特徴			主用途
鉄系	水分依存型	高湿度の空気に触れてはじめて酸素を吸収	切り餅、生麺、ドラ焼き、個包装の菓子など
鉄系	自力反応型	空気に触れると同時に酸素吸収を開始	米、菓子、コーヒー、乾燥野菜など
有機系	自力反応型	空気に触れると同時に酸素吸収を開始	ハム、ソーセージ、チキンナゲット、煮干しなど

図 5-9-2　有機系脱酸素剤

有機脱酸素剤の中身。主成分が有機系なので金属探知機にかからない

5-10 環境ガスの調節による保存法

●酸素の除去

　酸素は私たちヒトを含めた多くの生物の生育にとってなくてはならない物質ですが、食品ではカビや好気性細菌の増殖、油脂の酸化、香りや色調の劣化など、品質低下を招く要因のひとつとなっています。食品を長期保存するためには、酸素の除去が有効な手段といえます。特に収穫後の青果物は呼吸を続けているため、代謝が進み鮮度低下を招きます。

● CA 貯蔵

　CA 貯蔵（controlled atmosphere storage）は、おもに野菜や果実を貯蔵する場合に、貯蔵する空間の気体の組成・湿度・温度を制御して鮮度を保持する方法で、輸送の過程でもこの貯蔵条件を適用することがあります。酸素を減らし、二酸化炭素を増やすことにより呼吸作用を抑制し、栄養成分の損失を減らし長期保存を可能にします。通常、この方法は低温下で行われますが、二酸化炭素と酸素の組成は青果物の種類により異なるため、注意が必要です。CA 貯蔵は特にリンゴやナシ（二十世紀）の貯蔵に用いられており、二酸化炭素 2 ～ 8％、酸素 3％、温度 0 ～ 3℃で 6 ～ 9 か月間（リンゴ）、二酸化炭素 4％、酸素 5％、温度 2℃で 9 ～ 12 か月間（ナシ）の貯蔵が可能です（表 5-10-1）。

● MA 包装

　トマトやカキなどの青果物をポリエチレンなどの適度な低ガスバリヤー性フィルム袋に密封すると、青果物の呼吸作用により袋内の酸素濃度は低下し、二酸化炭素濃度は上昇します。すなわち、袋内は、低酸素・高二酸化炭素状態となり、一種の CA 貯蔵条件となるのです。ポリエチレンフィルムはガス透過性があり、酸素は少しずつ袋内部に供給され、二酸化炭素は袋から排出されます。これにより、袋の内部では一定の酸素と二酸化炭素のバランスが

保持されるため、貯蔵効果を高めることができます。これを MA 包装といいます（図 5-10-1）

　MA 包装はほかの方法と異なり、安価で簡便なため、野菜の貯蔵に用いられます。現在、個々の青果物に適した酸素、二酸化炭素、水蒸気などの透過性を有する機能性フィルムが開発され使用されています。

表 5-10-1　果実・野菜の CA 貯蔵条件と貯蔵可能期間

種類（品種・系統）	温度（℃）	湿度（%）	環境気体組成 O_2 (%)	CO_2 (%)	貯蔵可能期間
リンゴ	0～3	90～95	3	2～8	6～9か月
日本ナシ（二十世紀）	2	85～92	5	4	9～12か月
カキ（富有）	0	90～95	2	8	6か月
クリ（筑波）	0	85～100	3	6	7～8か月
緑熟バナナ	12～24	—	5～10	5～10	6週
イチゴ（ダナー）	0	95～100	10	5～10	4週
トマト	6～8	—	3～10	5～9	5週
ホウレンソウ	0	—	10	10	3週
ニンジン	0	95	10	6～9	5～6か月
ニンニク	0	85～90	2～4	5～8	10～12か月
ナガイモ	3～5	90～95	4～7	2～4	8～10か月
ジャガイモ	3	85～90	3～5	2～3	8～10か月

図 5-10-1　MA 包装の原理

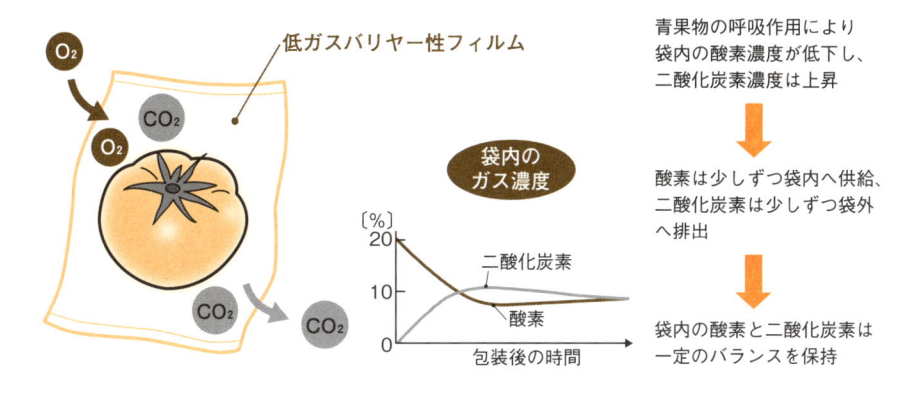

5-11 品質保持効果を高める包装

●真空包装

　真空包装とは、包装容器内を真空状態にして密閉する方法です。フィルムでは、真空チャンバー内で密封します（図5-11-1）。瓶詰や缶詰では、真空環境下で密封したり、脱気箱によりヘッドスペースに残存する空気を蒸気と置換したり、ホットパック法によりヘッドスペースを真空にすることで、品質保持効果を高めているものもあります。容器内の空気がなくなり、酸素による油の酸化、変色、カビの発生、好気性細菌による腐敗が防止できます。

　しかし、食品中にも含まれる空気（溶存酸素）まで完全に除去することは非常に難しく、フィルム包装ではフィルムを透過してくる酸素も完全に防止できないことから、商品によってはガス置換包装などが行われます。

●ガス置換包装

　ガス置換包装とは、保存容器内の空気を窒素ガスや二酸化炭素などの不活性ガスと置換・密封する方法であり、油脂やナッツ類の袋詰めや瓶・缶詰などに使われています。

　脂質やビタミン類の酸化防止、穀類の昆虫による食害防止、好気性細菌による品質劣化防止などを目的とした包装法です。清涼飲料では、ヘッドスペースを真空にし、窒素ガスを満たして密封する方法もあります。

●減圧貯蔵

　耐圧性貯蔵庫内に青果物を減圧貯蔵すると、酸素分圧が低下して貯蔵効果が高くなります。これは前節で紹介したCA貯蔵と同じ効果が期待されるため、有効な手段です。エチレンは、青果物の成熟や老化を促進する植物ホルモンの一種ですが、エチレンを吸引除去することにより、さらに貯蔵効果が期待できます。個包装を進める場合では、青果物の呼吸量にあった包装フィルムや機能性段ボールなどがよく使われています。また包装副資材でも、エ

チレン除去剤や水分調整剤、蓄冷剤などが使われています。

図 5-11-1　真空チャンバーによる真空包装

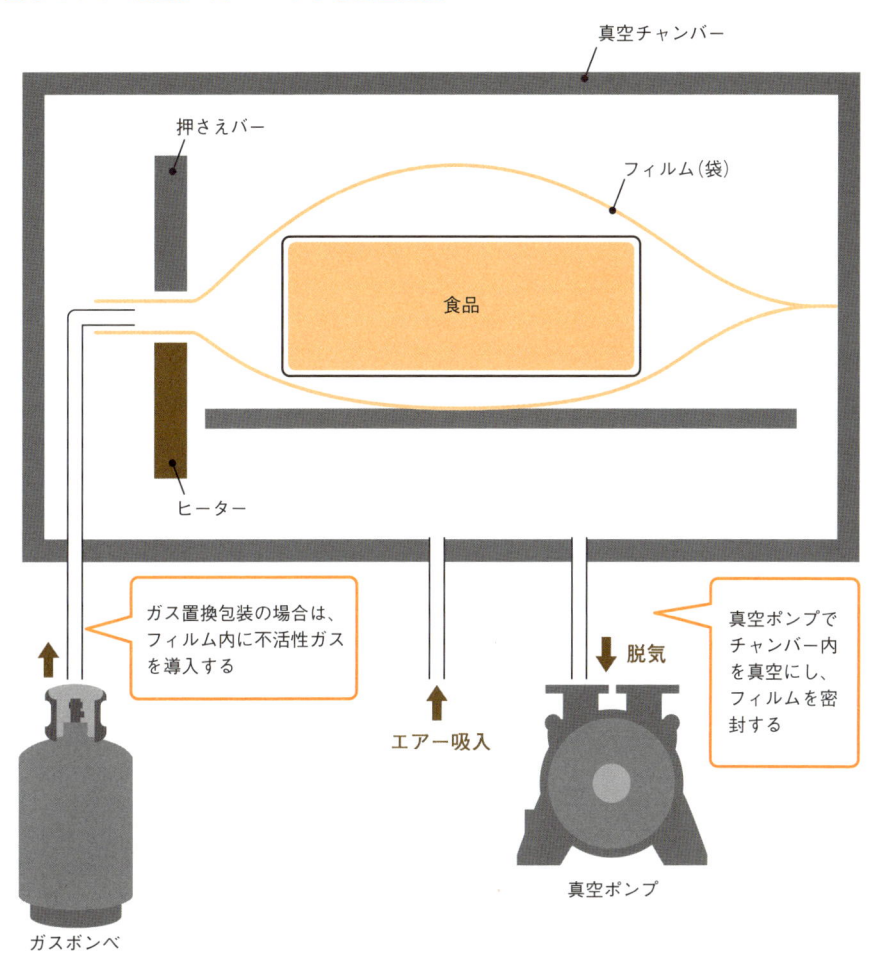

- 真空チャンバー
- 押さえバー
- フィルム（袋）
- 食品
- ヒーター
- ガス置換包装の場合は、フィルム内に不活性ガスを導入する
- ↑
- 脱気
- 真空ポンプでチャンバー内を真空にし、フィルムを密封する
- ↑ エアー吸入
- 真空ポンプ
- ガスボンベ

5-12 放射線照射

●食品照射

　食品に対する放射線照射（食品照射）とは、電離性放射線を照射することにより、食品に付着する腐敗細菌や病原菌の殺滅、生息する害虫の駆除、生鮮野菜などの農産物の発芽や発根を抑制し熟度を調節することで、食品の貯蔵期間を延長する方法です。使用する電離性放射線は放射能の生成がないエネルギーに限られており、国際的な取り決めにより、^{60}Co、^{137}Cs を線源とするガンマ線、電子加速装置より得られるベータ線（エネルギー 10MeV 以下）、エックス線（エネルギー 5MeV 以下）の3種類のみとなっています。

　食品への応用は、線量により大きく3つに大別しています。低線量処理（0.02〜1kGy）では、生鮮食品の発芽防止、果樹や穀類の殺虫、肉類の寄生虫殺滅を目的としています。中線量処理（1〜10kGy）はおもに畜産製品や魚介類、香辛料、乾燥野菜などの殺菌（サルモネラ菌、病原性大腸菌 O-157 などの食中毒細菌の殺菌や腐敗菌の殺菌）に、高線量処理（10〜75kGy）では完全殺菌を目的とし、ハムやベーコン、宇宙食、免疫不全患者食などに活用が期待されています（表 5-12-1）。

●放射線照射の原理

　電離性放射線はイオン化作用により照射物中で活性酸素（フリーラジカル）を生成します。活性酸素は化学反応を起こしやすく、水が存在すると瞬時（1/1000秒以内）に消滅します。生体内における新陳代謝や脂質酸化分解時にも生成されますが、放射線照射では発生する活性酸素量は著しく多い反面、その寿命は著しく短く、照射後残留することはありません。照射により生成した活性酸素が DNA に損傷を与え、特に生鮮食品の発芽を防止し、腐敗細菌の殺滅や害虫の殺虫効果を発揮します。

　放射線照射した食品の健康性評価は動物を用いた毒性試験、照射により生成した食品成分について分解生成物試験、栄養試験、微生物学的安全性など

の研究が進められ、食品としての安全性に問題がないことを明らかとしています。

国連食糧農業機関(FAO)/国際原子力機関(IAEA)/世界保健機関(WHO)の合同専門委員会では10kGy以下の照射食品の安全を宣言し、CODEXは照射実用化に要する規格基準を制定しました。その結果、2003年4月にはアメリカやフランスなど32か国で香辛料を中心として40品目が実用化されましたが、わが国ではジャガイモの発芽防止の目的のみ北海道士幌農業協同組合で行われています(図5-12-1)。食品衛生法では、放射線照射食品には、「放射線を照射した旨」の表示義務があります。また、近年輸入食品の輸入時の放射線照射による違反もみられるため、監視を強化する必要もあります。

表5-12-1 食品照射の目的と対象品目例

目的	線量 (kGy)	対象品目例
低線量照射 (1kGy) まで		
*発芽防止	0.02～0.15	ジャガイモ、タマネギ、ニンニクほか
*殺虫および害虫不妊化	0.10～1.0	生鮮果実、穀類、豚肉ほか
*熟度調整	0.50～1.0	熱帯果実ほか
中線量照射 (1～10kGy)		
*食中毒防止	1.0～7.0	鶏肉、赤身肉、魚介類、卵白ほか
*貯蔵期間延長	1.0～7.0	鮮魚、魚肉加工品、畜肉加工品、イチゴ、ミカンほか
*菌数低減 (衛生化)	5.0～10.0	香辛料、乾燥野菜、乾燥果実、飼料原料ほか
*物性改良	1.0～10.0	多糖類の低粘度化、乾燥野菜、ウイスキーや焼酎の成熟促進など
高線量照射 (10～75kGy)		
*完全殺菌	30～75	宇宙食、免疫不全病人患者食、ハイキング用無菌食(おもに肉製品)、無菌動物用飼料など

図5-12-1 ジャガイモの照射室

ジャガイモの発芽防止を目的とした食品照射室

(写真提供:北海道士幌町農業協同組合)

5-13 殺菌水

●腸炎ビブリオ食中毒防止対策として

　魚市場や水産加工工場、スーパーマーケットの鮮魚バックヤードなど水産食品の現場ではたくさんの水を使用します。そして、使用する水も水道水から海水までさまざまです。厚生労働省は平成13年に、腸炎ビブリオ食中毒防止対策のための水産食品に係る規格および基準を設定しました。「食品衛生法施行規則及び食品、添加物等の規格基準の一部改正について」（食発第70号　平成13年6月7日）のなかでもほとんどの規格の加工基準に「成分規格については、製品1gあたり腸炎ビブリオ最確数を100以下とし、加工に使用する水は、飲用適の水（食品製造用水）、殺菌した海水または飲用適の水を使用した人工海水を使用しなければならない」と記されています。

●さまざまな殺菌方法

　現在、水産加工の現場では流量比例方式、循環（サーキュレーション）方式などで次亜塩素酸ナトリウムを添加した殺菌水の使用が一般的です（図5-13-1）。紫外線による殺菌や、オゾンを用いた殺菌、炭酸ガスや次亜塩素酸ナトリウムを混合する殺菌なども開発され用いられています。いけすや加工場の洗浄に利用する通水システムのなかに装置を組み込む方法が一般的で、使用用途によって、最も適した殺菌方法を採用しています。

　水産加工施設で最近増えているのがオゾン水の利用で、オゾンがもっている除菌、洗浄、脱臭、漂白の機能を活かしています（図5-13-2）。オゾンは気体であることから利用が難しかったのですが、海水・淡水にオゾンガスを溶け込ませることで、魚介類の表面に付いた細菌、ウイルスを殺菌するとともに、魚のヌメリや生臭さの除去に活かしています。オゾン水は長期の品質保持に効果があることから、活魚の輸送などにも使われています。

図 5-13-1 殺菌海水フローシート（流量比例方式）

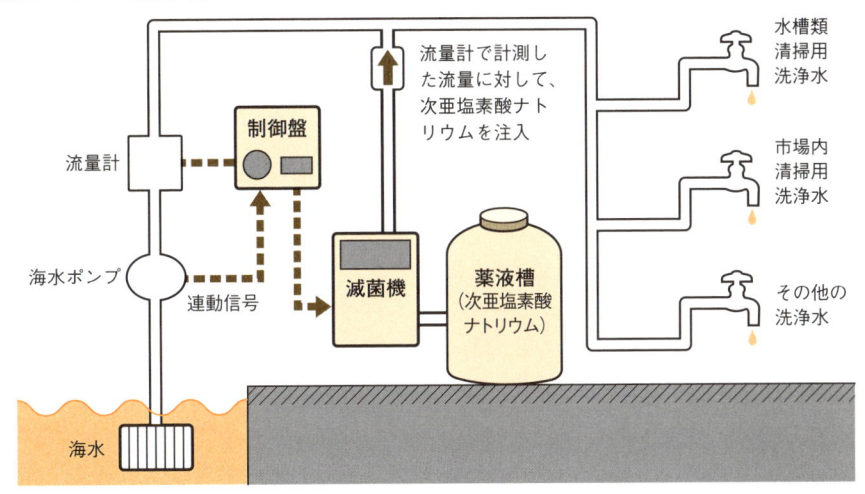

図 5-13-2 オゾン水の利用

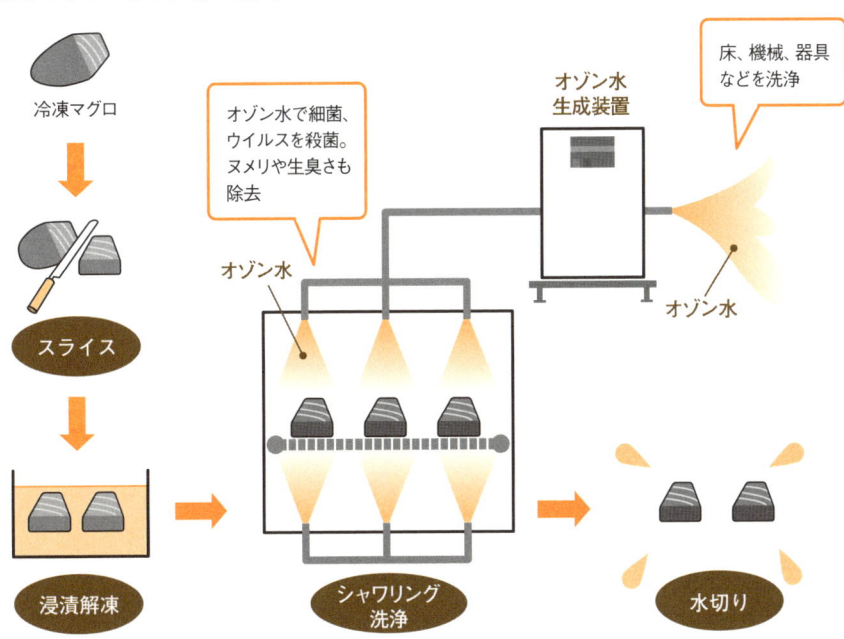

5・食品の包装と流通の新技術

139

⚠️ 低温流通の一般化

　食品製造加工技術の進歩に合わせ、冷凍・冷蔵技術の進歩による低温流通が一般化しています。世界で初めて食品の冷凍を行ったのは、1855年、オーストラリアのJames Harrisonといわれています。それから150年以上の長きにわたって冷凍技術の研究開発が続けられた結果、現在の食品冷凍技術はかなり高い水準になってきました。

　冷蔵・冷凍の技術については1-7節で解説してきたように、もともとは微生物による食品の腐敗や、化学反応による栄養素・色・味・食感の変化から食品を守る必要性から生まれた技術ですが、現在では流通でもいかされています。農産物や水産物のように生産に季節性のあるものは、一般に価格変動が激しく、大きな問題になっていました。しかし、産地から消費地まで低温の状態を使ったまま流通させる「低温の鎖」ともよばれるコールドチェーンの実現によって、貯蔵・運搬・販売が低温によって結ばれることによりその問題が解決する方向に向かっています。

　最近では医薬品や電子部品などを一定の温度で管理するためにも利用されるコールドチェーンですが、食品においては、加工食品や調理済み食品の浸透や中食・外食需要の増加などにともない、多くの人の手を経て広域流通されるものが増えています。それぞれの食品に応じた温度帯で管理しながら、流通の各段階を切れ目なく結ぶことがより重要になってきたことから、加工施設や小売店舗における温度管理のみならず、保管倉庫や配送トラック・コンテナなども一定の温度で管理する必要があります。低温倉庫、冷凍・冷蔵車、冷凍ショーケース、家庭用冷凍・冷蔵庫などの進歩と普及があり、コールドチェーンが構築されたのです。

第6章

食品製造と環境問題

地球規模での環境問題に対する関心が高まるなか、
大量に消費される水処理の問題や食品廃棄、
容器包装のリサイクルなど食品加工においても
環境への負荷低減が求められ、
その技術も進化しています。

6-1 給水・用水の処理技術

●給水・用水の処理

　日本の上水道料金は世界でもトップクラスといわれていますが、食品加工のコストに占める割合も高く、給水・用水の節約も収支に大きく影響してきます。多くのメーカーでは、工業用水道や河川水、地下水（井戸水）などを利用していますが、それらの水はそのままでは食品製造の原料用水や洗浄用水には適さないため、いろいろな工程を通して用水の処理を行っています。

　原水処理の前段の水処理工程を一般的には前処理とよんでいます。原水中に含まれる濁りの原因となる物質や残留塩素、鉄、マンガンなどを、凝集沈殿装置や加圧浮上装置、ろ過装置、活性炭ろ過装置など、いくつかのシステムを組み合わせて除去する処理を行っています。凝集処理された水は沈殿・浮上・ろ過などの分離操作を経て固液分離されます。

　最近、よくウォーターサーバーを見かけますが、その多くは「RO水」を使用しています。この水はNASA（アメリカ航空宇宙局）が開発した、逆浸透膜（RO膜）システム（図6-1-1）というろ過システムを使ってつくった「純水」のことで、細菌や不純物をほぼ100％に近い確率で除去しています。

●食品加工に使われる水

軟水

　軟水とはカルシウムイオンやマグネシウムイオンなどの硬度成分の含有量が少ない水のことで、WHOの基準では硬度0～60mg/Lの水を軟水としています（図6-1-2）。日本酒を仕込むには軟水がよいとされていますが、食品加工でも硬度成分が加工の邪魔をすることがあり、多くの分野で軟水が使われています。軟水器に充填されたカチオン（陽イオン）交換樹脂が硬度成分と水素イオンを交換し、軟水化させています。軟水には水あかがつきにくい特徴があることから、ボイラーのスケール付着防止などにも効果があるといわれています。

純水と超純水

水質は電気の通りやすさ（電気導電率）で表され、水道水は 10 〜 20 mS/m（ミリジーメンスパーメートル）、純水は 0.05 〜 1 mS/m です。1 mS/m の純水とは、1リットルの水にわずか 0.1mg の食塩が混ざった程度の不純物の少ない水で、RO膜やイオン交換樹脂を使ってつくられます。

さらにこの純水から、ごく微量の溶存酸素や微粒子、有機物、生菌などを除去した水のことを超純水とよんでいますが、おもには半導体製造などの電子産業分野で使用されています。

図 6-1-1　逆浸透膜システム

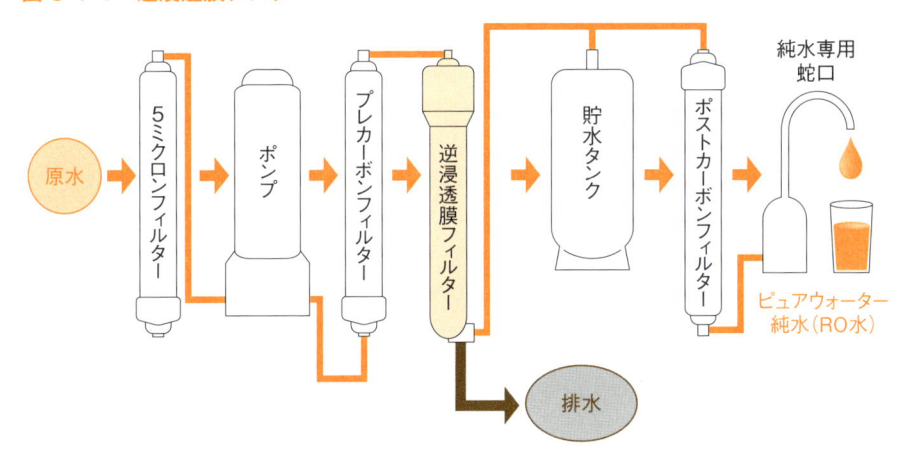

図 6-1-2　軟水と硬水

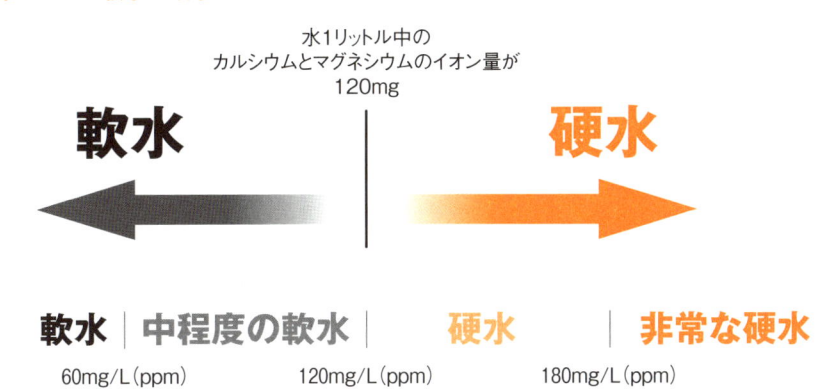

水1リットル中のカルシウムとマグネシウムのイオン量が 120mg

軟水 ← → 硬水

| 軟水 | 中程度の軟水 | 硬水 | 非常な硬水 |
| 60mg/L(ppm) | 120mg/L(ppm) | 180mg/L(ppm) | |

6-2 廃水処理技術

● BOD と COD

　食品工場や食材加工工場では、水質汚濁防止法や都道府県の水質条例によって廃水処理が必須となっていますが、廃水された水の汚れをはかる基準として、BOD（生物化学的酸素要求量）とCOD（化学的酸素要求量）があります。BODは汚水中の有機物が好気性微生物の生物化学反応によって分解される際に要する酸素消費量で、河川への排出水に適用されます。
　一方、CODは微生物にかわり過マンガン酸カリウムを使って水中の有機物の酸化に要する酸素量を測定し、有機物含有量の尺度としていますが、海域と湖沼への廃出水に限り適用されています。

●廃水処理の方法

　多くの工場廃水には、油脂分やデンプン、タンパク質などさまざまな形態の有機物が含まれています。その処理にあたっては、水に存在する粒子や溶解物質を水から分離するか、無害な安定した物質に変化させる必要があります。規制値以下の濃度に下げるために、処理の程度によって、一次処理（前処理）、二次処理（本処理）、三次処理（高度処理、後処理）に分けられ、それぞれの工程において、物理処理、化学処理、物理化学処理、生物処理などさまざまな処理が行われます（図6-2-1）。
　汚水を最終的にどこに持って行くかによって、どこまでの処理をするか、どのような処理法を採用するかが変わってきます。例えば、汚水を浄化して川に流す場合、単に浄化するだけではなく、川に流せる状態までの処理が必要で、さらにその廃水処理にともなって発生するスクリーンかすや、分離油、汚泥などの処理も行わなければなりません。汚泥の一部は飼料、肥料などに用いられることがありますが、大半は脱水や乾燥あるいは焼却などの減容化を行った後に産業廃棄物として処分されます。また近年は、資源の有効利用の観点から処理水をリサイクルして再利用するニーズが高まっています。

図 6-2-1　廃水処理過程

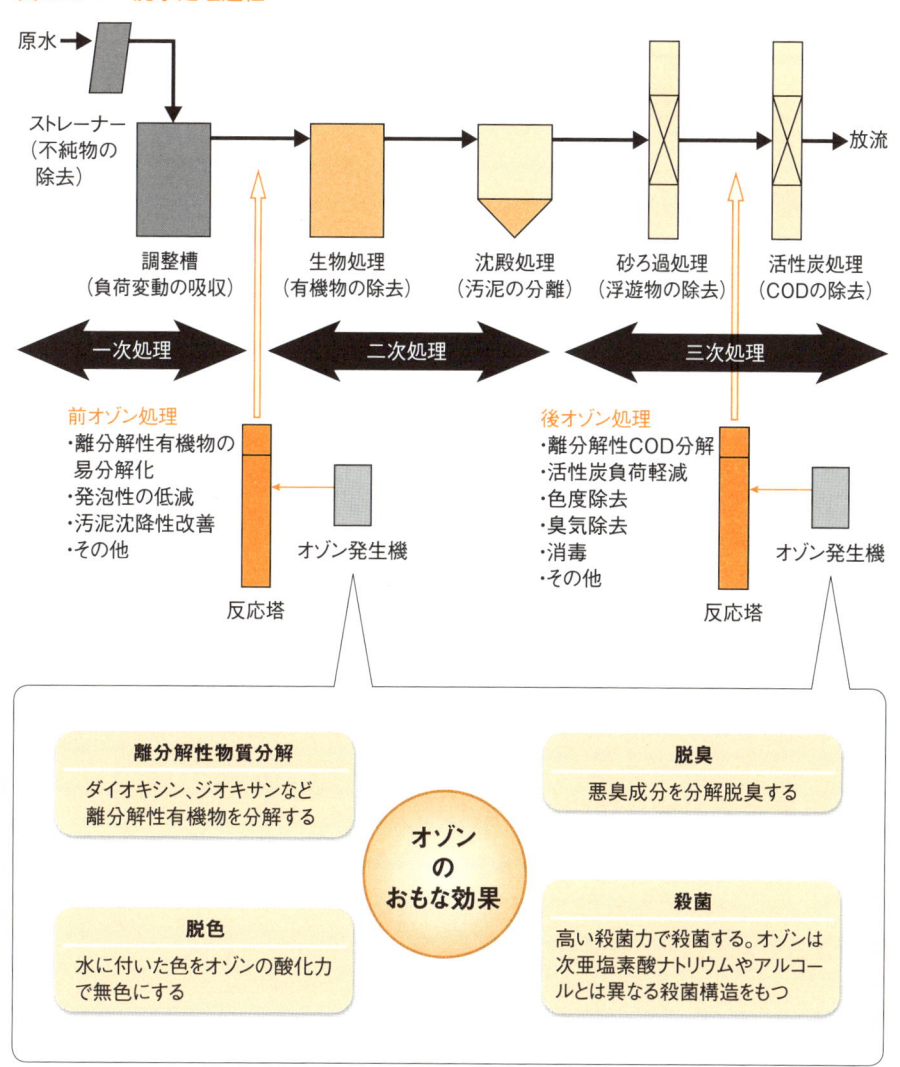

原水 → ストレーナー（不純物の除去） → 調整槽（負荷変動の吸収） → 生物処理（有機物の除去） → 沈殿処理（汚泥の分離） → 砂ろ過処理（浮遊物の除去） → 活性炭処理（CODの除去） → 放流

- 一次処理：調整槽
- 二次処理：生物処理・沈殿処理
- 三次処理：砂ろ過処理・活性炭処理

前オゾン処理
- 離分解性有機物の易分解化
- 発泡性の低減
- 汚泥沈降性改善
- その他

→ 反応塔 ← オゾン発生機

後オゾン処理
- 離分解性COD分解
- 活性炭負荷軽減
- 色度除去
- 臭気除去
- 消毒
- その他

→ 反応塔 ← オゾン発生機

オゾンのおもな効果

離分解性物質分解
ダイオキシン、ジオキサンなど離分解性有機物を分解する

脱臭
悪臭成分を分解脱臭する

脱色
水に付いた色をオゾンの酸化力で無色にする

殺菌
高い殺菌力で殺菌する。オゾンは次亜塩素酸ナトリウムやアルコールとは異なる殺菌構造をもつ

6・食品製造と環境問題

6-3 食品廃棄物処理技術① 配合飼料原料化

●食品廃棄物のリサイクル

　食品循環資源の再生利用等の促進に関する法律（食品リサイクル法）による、平成24年度の食品産業全体における食品廃棄物等の年間発生量は1,916万トンで、業種別にみると、食品製造業が1,580万トンで食品産業全体の82％を占め、食品卸売業が22万トン、食品小売業が122万トン、外食産業が192万トンになっています。

　再生利用の実施量は1,323万トン（69％）と最も多く、次いで廃棄物としての処分量が283万トン（15％）、減量した量が222万トン（12％）、熱回収の実施量が46万トン（2％）の順となっています。用途別の実施量の内訳では、飼料が958万トン（72％）と最も多く、次いで肥料が254万トン（19％）、メタンが54万トン（4％）、油脂および油脂製品が53万トン（4％）、炭化して製造される燃料・還元剤が4万トン、エタノールが6,000トンの順になっています。

●食品廃棄物の配合飼料原料化処理

　「油温減圧式脱水乾燥法」による飼料化施設としては国内最大規模を誇る、㈱アルフォの城南島飼料化センターでは、都内のコンビニやレストランなどから回収した食品残さから配合飼料の原料をつくっています。

　まず食品残さから異物を除去し、破砕した後、廃食用油と混合して減圧化乾燥機の中で約90分間、水分の80％を蒸発・乾燥させます。その後、廃食用油を油分離装置やスクリュープレスで脱油し、ハンマーミルで粉砕後、ホッパーで不純物を除去して配合飼料の原料になります（図6-3-1）。この施設の処理能力は最大168トン／日量で、都内から収集された食品廃棄物はその日のうちに処理されています。

　このほか食品廃棄物の処理では、「肥料化」や「バイオガス化（6-4節参照）」もあります。「肥料化」は、水分の多い食品廃棄物を脱水・乾燥させて、野

菜や果物の肥料にする技術で、「バイオガス化」は食品廃棄物をメタン発酵させ、発生したメタンガスを電気やエネルギーとして使う技術などです。

図 6-3-1　油温減圧式脱水乾燥法による飼料化過程

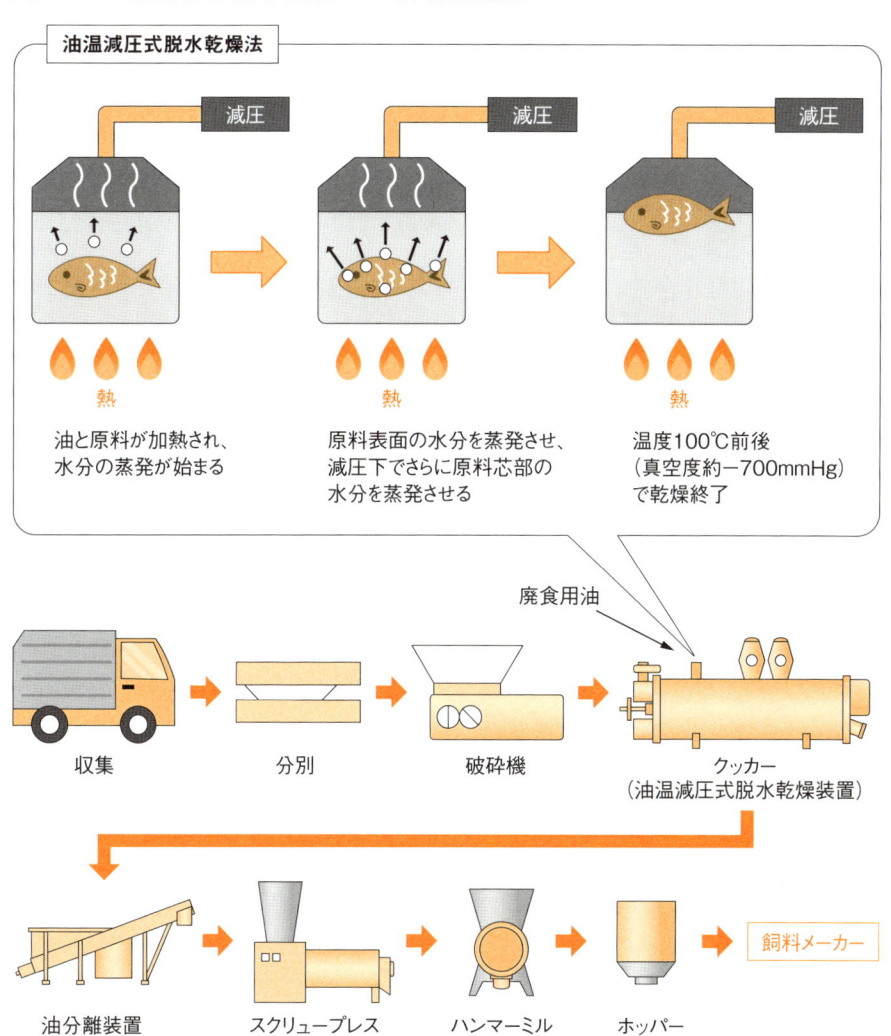

6-4 食品廃棄物処理技術② バイオガス化

●メタン発酵システムによるバイオガス化と発電

　「バイオマス活用推進基本法」（平成21年6月成立）にもとづき、国では2020年度におけるバイオマスの種類ごとの利用率などの数値目標を定めていますが、食品廃棄物の利用率については、2010年の27％に対して2020年は40％を目標設定しています。

　食品バイオマスは水分が高いことから、燃焼あるいは熱分解して燃料として利用するときには水分を一定量以下に抑える必要があります。その燃焼、熱分解処理に必要なエネルギーとバイオマス発電で得られるエネルギーの収支を考えるとマイナスになることから、食品バイオマスを燃料化する際には、メタン発酵システム（図6-4-1）が一般的と考えられています。

　メタン発酵システムの一般的なフローとしては、処理施設で受け入れた食品廃棄物を一次破砕機と二次破砕機で細かく破砕し、その後ドラム式選別機によって、プラスチックの包装やトレイ・フィルム類、割箸などメタン発酵に不適な物を取り除き、調整槽に発酵原料として一次保管します。また、液状の食品廃棄物については、直接調整槽に保管されます。その後発酵槽でバイオガスを発生させ、エネルギーとして利用します。また、発酵残さも脱水機にかけて肥料や飼料になります。

　メタン発酵法には、発酵温度が37℃付近の中温発酵法と、55℃付近の高温発酵法があります。高温発酵法は、加温するためのエネルギー損失が大きくなりますが、有機物の分解効率が高く、発酵タンクを小さくできる、高温殺菌処理がなされるなどのメリットがあります。

●バイオガスの都市ガスへの精製

　発生したガスによる発電では、コージェネレーションシステムを採用し、発電時の排熱を回収して発酵槽の温度調整などに利用したり、ほかの施設の電力や余剰は売電などに使われています。さらに、余剰バイオガスを精製し

て、都市ガスなどに販売している施設もできてきました。

バイオガスの都市ガスへの精製にあたっては、バイオガスの主成分であるメタン（CH_4）が60%、二酸化炭素（CO_2）が40%あるため、バイオガス中の CO_2 や不純物を都市ガス精製装置で除去した後、液化石油ガスを混合して熱量を都市ガスと同等に調整され、さらにガス漏洩を感知する付臭剤が混ぜられて利用されています。また、発酵による消化液と残さは、成分調整されて、農作物の液肥や有機堆肥などに使われています。

図6-4-1　メタン発酵によるバイオガス化

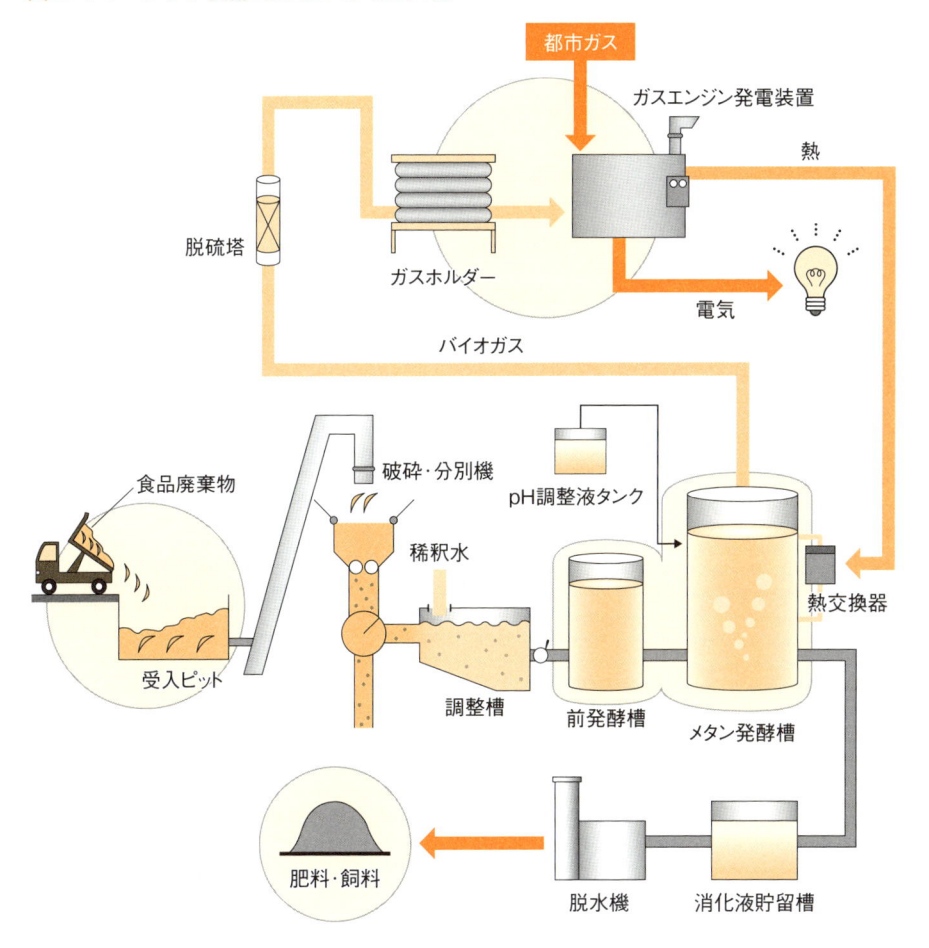

6-5 廃食用油脂(UCオイル)処理技術

●廃食用油脂（Used Cooking Oil）の現状

　外食施設などの調理や食品製造工場から排出された、あるいは賞味期限が切れて不要になった食用油脂のことを廃食用油脂（UCオイル）とよんでいます。国内食用油の年間消費量は約240万トンで、このうちUCオイルの年間発生量は約45万トンと推定されています。

　事業系から発生するUCオイルの処理にあたっては、不法投棄や水質汚濁の防止を目的とした廃棄物処理法にもとづいたルールのなかで処理しなければなりません。現在の仕向先は、配合飼料に添加される油脂が約7割を占め、ほかに脂肪酸、石けん、塗料、インキといった工業用油脂が約2割、燃料用（BDF：Bio Diesel Fuel、バイオディーゼル燃料、ボイラー燃料）および輸出などが約1割となっています（図6-5-1）。

●リサイクルに貢献するBDF

　廃食用油などにメタノールを添加すると、アルカリ触媒（おもに水酸化カリウム）によって脂肪酸のメチルエステル変換反応が起きて、軽油に近い性質をもったBDF（脂肪酸メチルエステル）がつくり出されます（図6-5-2）。混合せず原液のままの状態（ニート）、または軽油と混合して、ディーゼル燃料の代替品として自動車用燃料に使われていますが、BDFは硫黄酸化物（SO_x）や黒煙が軽油より少なく、浮遊粒子物質が減少するという特性があり、日本国内では市営バスや廃棄物収集車の燃料として使用している例などがみられます。しかし、車両側に一定の改造が必要だったり、通常のディーゼル車よりも頻繁に定期的なメンテナンスが必要になっています。

　BDFではUCオイルのほか、植物油をそのまま使用するSVO（Straight Vegetables Oil）方式というものがあります。植物油の粘度を軽油程度まで低下させエンジン内へ噴霧し燃焼させる方法で、原料として、ドイツ、フランス、イタリアでは菜種油、米国では大豆油が使われています。

図 6-5-1　廃食用油脂のリサイクル

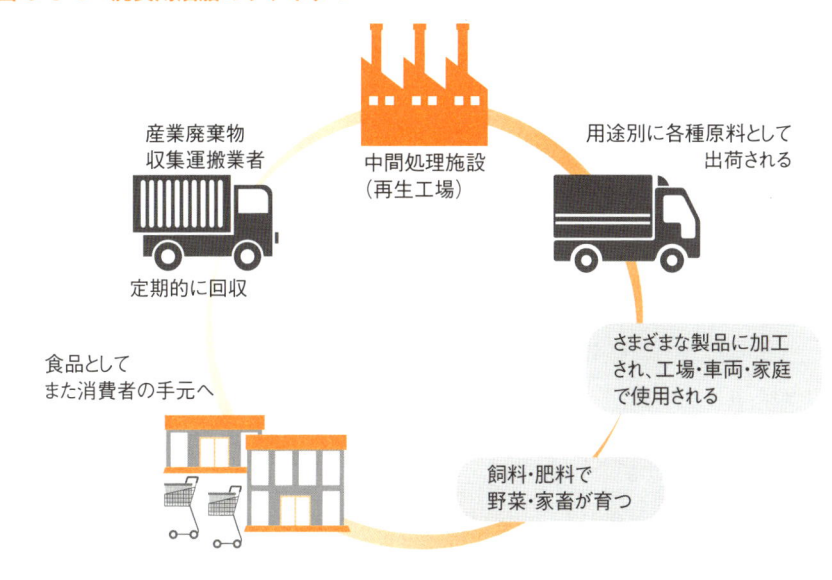

産業廃棄物収集運搬業者
定期的に回収

中間処理施設（再生工場）

用途別に各種原料として出荷される

さまざまな製品に加工され、工場・車両・家庭で使用される

飼料・肥料で野菜・家畜が育つ

食品としてまた消費者の手元へ

図 6-5-2　BDF の精製

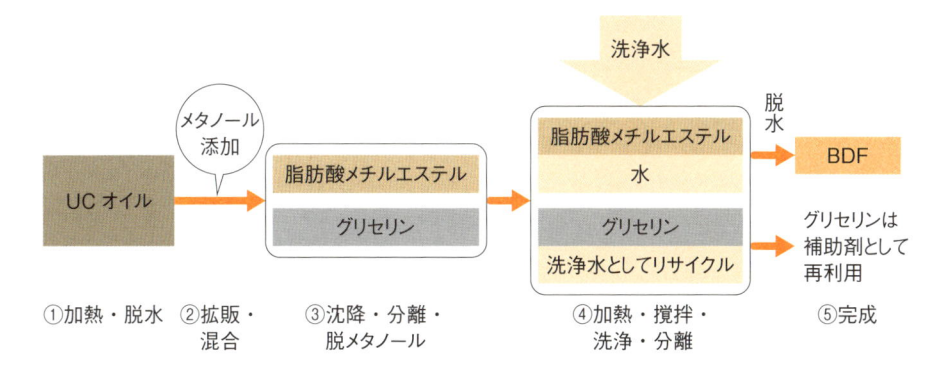

UC オイル
→ ①加熱・脱水
→ メタノール添加
→ ②拡拌・混合
→ 脂肪酸メチルエステル／グリセリン
→ ③沈降・分離・脱メタノール
→ 洗浄水
→ 脂肪酸メチルエステル／水／グリセリン（洗浄水としてリサイクル）
→ ④加熱・撹拌・洗浄・分離
→ 脱水
→ BDF
→ グリセリンは補助剤として再利用
→ ⑤完成

6・食品製造と環境問題

151

❗ PETボトルのリサイクル

　PET（ポリエチレンテレフタレート）のボトルの歴史は比較的新しく、1967年ごろに米国デュポン社がPETボトルの基礎技術を確立し、73年に特許が取得され、翌年炭酸飲料用ボトルに採用されました。日本では、77年にしょうゆ容器として採用したのが始まりで、その後、82年から清涼飲料容器に、85年からは酒類用容器として、02年には乳飲料容器として使用が始まりました。

　PETボトルの特徴は、軽くて持ち運びやすく、一度開栓しても再栓性があることです。また、衝撃にとても強く、落としても割れず、透明度が高くて光沢があり、内容量が一目でわかる利点があります。PETはもともと硬い素材であることから、キャップには柔らかい素材であるPP（ポリプロピレン）などを使用しています。ボトルとキャップの両方を同じ素材にすると、気密性の保持に問題が生じたり、消費者がスムーズに栓の開け閉めができなくなったりします。またキャップへの着色もできなくなり、遮光性も失われるなどの問題が発生するからといわれています。そのため、コンビニでの回収ではキャップを別のボックスにしています。

　使用済みの製品を粉砕・洗浄などの処理をして、新たな製品の原料とすることをマテリアルリサイクルといいますが、PETボトルのマテリアルリサイクルでは使用済みPETボトルから再生フレークや再生ペレットを製造し、繊維やシート、成形品などの再利用品の原料として利用されます。

　再生フレークはPETボトルを8mm角くらいの小片に粉砕し、よく洗って乾かしたもので、作業服や卵パックなどの成形品の原料として使用されます。ペレットは、フレークを一度溶かして小さな粒状に加工したもので、こちらもおもに繊維にする時に使われます。

　また、ボトルtoボトルは、使用済みPETボトルから再生フレークをつくり、それを化学分解により中間原料に戻したうえで再重合し、新たなPET樹脂をつくり、新しいPETボトルをつくっています。

第7章

食品創製の科学

世界人口は増加を続け、2065年には100億人を突破する
といわれています。
世界的な食料不足に加え、異常気象や水不足など、
食料自給率が低い日本のこれからの食料問題は
今まさに予断を許さない状況で、
食品創製は緊急を要するテーマになっています。

7-1 未利用・低利用食料資源の利用

●地域資源としてのエゾシカ

　北海道内では至るところで見ることができるエゾシカ（図7-1-1）ですが、大きな問題も抱えています。爆発的な個体数の増加にともない、農林業被害や交通事故による経済への影響、森林や高山植物等生態系破壊が社会問題化しています。平成24年度の全道における農林業被害額はおよそ63億円に達し、その半数が牧草被害です。

　しかし、エゾシカは北海道の地域資源のひとつでもあります。エゾシカの肉は上質で、明治時代の初期には道内にシカ肉の缶詰工場も建てられており、ヨーロッパなどへ輸出もされていました。また、毛皮や袋角（生えはじめのころの軟らかい角）は、漢方薬の一種（鹿茸）として貴重な地域資源になっていました。

　このように食関連分野でエゾシカを有効に活用することで、個体数調整を行い、また、生物多様性の保全をはかりつつ、新たな地域産業の創出および地域振興に結びつけようと、北海道庁では平成18年に『エゾシカ衛生処理マニュアル』を策定しました。エゾシカを北海道の特産物として位置付け、肉資源としての有効活用策などをはかってきました。

●エゾシカ衛生処理マニュアル

　マニュアルによれば、エゾシカを食肉とする場合、衛生的に取り扱うことが必須条件とされています。エゾシカは野生動物であり、家畜と違って「と畜場法」の対象とはなっていないことから、捕獲から解体に至るまでの衛生的な処理の方法については、厚生労働省の「野生鳥獣肉の衛生管理に係る指針（ガイドライン）」に沿って作成されています。表7-1-1、表7-1-2に衛生管理にまつわるポイントを整理します。

図 7-1-1　北海道に多く生息するエゾシカ

表 7-1-1　エゾシカ肉の衛生管理に係る留意事項

異常の有無の確認を励行すること
食用に供するのに問題がないか、狩猟者や食肉処理業者は、捕獲の前後、食肉処理場への搬入時、解体処理工程などにおいて、エゾシカやと体、内臓などをよく観察する
記録を作成及び保存・伝達すること
食中毒や感染症などの原因と疑われる問題食品が発生した場合、問題食品を早期に特定し流通から排除して健康被害の拡大を防止するため、狩猟から食肉処理、販売に至るまでの各段階で記録の作成・伝達・保存に努める
食用として問題がないと判断できない疑わしいものは廃棄すること
被毛や消化管内容物、土壌などにより著しく汚染されたものや、病変などのあるものなど食用にふさわしくないものは廃棄する
食肉処理業の許可を受けた施設で処理したエゾシカ肉を仕入れること
エゾシカの処理を行う際には、消化管内容物や被毛、血液などによる汚染が想定されることから、手指や器具などの洗浄・消毒など必要な衛生設備を整備した食肉処理業の許可施設で衛生的に処理されたエゾシカ肉を仕入れる
調理、消費時に十分な加熱を行うこと
エゾシカは、家畜とは異なり、飼料や健康状態などの衛生管理がなされていないことを踏まえ、安全に喫食するためには十分な加熱を行うことが必須。生食用としての提供は決して行わない
エゾシカ肉の衛生処理について正しい知識を身につけること
捕獲したエゾシカの異常の有無を確認する方策やカラーアトラスの活用、衛生的な取扱いなどについて、団体などの研修などに積極的に参加する

（「エゾシカ衛生処理マニュアル」より）

●廃棄物に着目した高付加価値化として

　北海道が作成した平成24年3月エゾシカ保護管理計画（第4期）は、以前にも増して個体数調整の徹底と資源の有効利用の活性化がうたわれた内容になりました。

　エゾシカ1頭からは約20kgの肉が得られます。エゾシカ肉はジビエ料理としての活用も進められています（図7-1-2）。エゾシカ肉の脂質はほかの肉と比べても量が少なく（図7-1-3）、脂肪酸もリノール酸をはじめとする多価不飽和脂肪酸が、一般的な畜肉よりも高い割合で含まれていると報告されています。さらに、鉄が多いという特徴もあります。

　しかし、エゾシカ加工施設で排出される皮や骨など、廃棄物処理の問題も生じています。かつては漢方の強壮剤として活用されていましたが、現代では法的な問題から医薬資源としては活用されていません。

　エゾシカの革を使用した靴やバックなどの革製品の製造・販売なども行われています。流通量は少なく経済効果は決して高くはありませんが、エゾシカ皮からアレルゲンを含まないコラーゲンの調製が可能なことから、食品加工分野ではソーセージケーシングとして、医療分野としてはコンタクトレンズ、手術時の止血剤、人工皮膚などの材料として活用が期待されます。

　2015年のコラーゲン関連商品市場は172億円に達する一大産業になるともいわれますが、地域社会で課題となっている未利用・低利用資源を積極的に活用した高付加価値化技術開発は、サスティナブルな社会形成につなげられるかもしれません。

表 7-1-2　エゾシカ肉の加工、調理、販売時の注意事項

① 仕入れたエゾシカ肉は食肉処理業の許可施設で処理されたものか確認する
② 捕獲及び処理状況の確認を行う
③ 仕入れたエゾシカ肉に添付されている記録を適切な期間保存する
④ 調理にあたっては十分な加熱をして提供する（中心温度が摂氏 75 度で 1 分間以上又はこれと同等以上の方法）。生食用での提供は行わない
⑤ 使用する器具機材は、処理終了ごとに洗浄、摂氏 83 度以上の温湯又は 200ppm 以上の次亜塩素酸ナトリウム等による消毒を行う
⑥ エゾシカ肉は摂氏 10 度以下で保存する。凍結し容器包装に入れられたものは、摂氏 − 15 度以下で保存する。また、家畜の食肉と区別して保管する
⑦ エゾシカ肉を販売する場合は、食肉の種類（エゾシカ）、加熱加工用である旨等の情報を明示して販売する

（「エゾシカ衛生処理マニュアル」より）

図 7-1-2　エゾシカを使った加工食品

（写真提供：株式会社上田精肉店）

図 7-1-3　エゾシカ肉とそのほかの食肉との成分比較

おもな成分データ（部位：ロース）

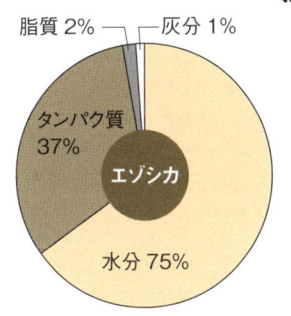

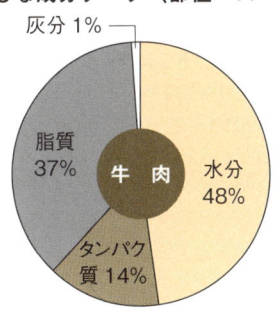

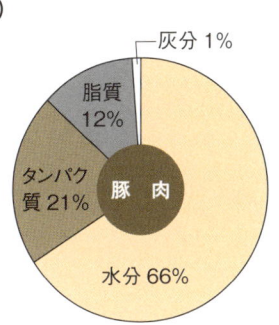

エゾシカ：脂質 2%、灰分 1%、タンパク質 37%、水分 75%

牛肉：灰分 1%、脂質 37%、タンパク質 14%、水分 48%

豚肉：灰分 1%、脂質 12%、タンパク質 21%、水分 66%

7・食品創製の科学

157

7-2 有用成分を損なわない高品質な食品創製

●水産加工品の動向

　平成24年における水産加工業の出荷額は3兆円で、食品製造業全体の出荷額の13％を占めています。食用魚介類の国内消費仕向量のうち59％が加工向けであり、水産加工業は水産物の国内仕向先として極めて重要な地位を占めています。また、水産加工業の9割は沿海市町村に立地しているため、漁業地域の基幹産業として重要な役割を占めています。

　食用加工品生産量の加工種類別構成割合で最も高いねり製品は、魚肉のすり身を原料とした加工品です。かまぼこをはじめ、ちくわ、揚げかまぼこ、はんぺん、つみれ、伊達巻き、魚肉ソーセージなど、いずれも馴染みのある食品です。ハムやソーセージなど畜肉加工品と比較すると、脂質やコレステロール含量の少ない高タンパク、低カロリー食品です。

　ねり製品の生産量は食用加工品全体のうち31％（平成24年度）を占めていますが、年々減少傾向にあります。水産加工業界の活性化のためにも、ねり製品生産量を増加させることが望まれます。

●かまぼこ製法の課題

　かまぼこなどのねり製品の原料は、おもに新鮮な白身魚（スケトウダラなど）のすり身です。原料魚をフィレーやドレスの状態に下ろし採肉後、肉は冷水で数回晒して脱水します。次に、魚肉に含まれるタンパク質の変性を防止するために、砂糖やリン酸塩などを添加・混合し、箱詰め後冷凍保存します（図7-2-1）。このように製造された冷凍すり身はねり製品加工場に搬入されます。すり身に2～3％の食塩を加えてよくすり混ぜ（擂潰）、ねばりけのある肉糊とし、成形後蒸したり焼いたりすることで、かまぼこやちくわなどの製品が製造されます。

　はんぺんや伊達巻きなど一部のねり製品を除き、かまぼこはプリプリした食感（足という）が重宝されます。冷凍すり身の製造において、魚肉を冷水

に晒す工程（水晒し）は、酵素などの足の形成を阻害する水溶性タンパク質を除去する目的で行います。また、魚肉を白くしたり、魚臭などを軽減するための重要な工程です。しかし、水晒しにより魚肉に含まれるエキス成分などの貴重な栄養素（うまみ成分）が流出するだけではなく、生じた多量の排水処理のために多額の経費をかけています。また、水晒し工程は作業量の増加につながります。現在のところ、高品質なねり製品の製造には、すり身製造における水晒し工程は欠かすことができないといわれています。

図 7-2-1　冷凍すり身の製造法

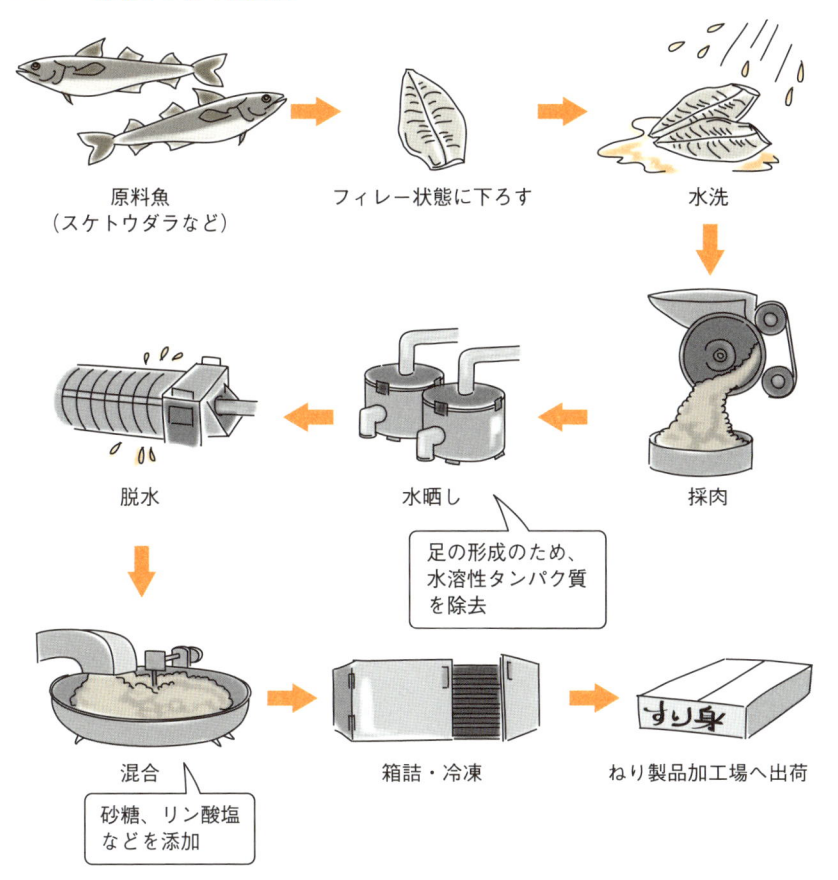

原料魚（スケトウダラなど）→ フィレー状態に下ろす → 水洗 → 採肉 → 水晒し（足の形成のため、水溶性タンパク質を除去）→ 脱水 → 混合（砂糖、リン酸塩などを添加）→ 箱詰・冷凍 → ねり製品加工場へ出荷

●有用成分を損なわない食品創製に向けて

　北海道のサケ・マス類の漁獲量は、全国の約90％を占めています（平成24年度）。サケの身は鮮やかなサーモンピンク色を呈しています。カロテノイド色素の一種アスタキサンチンをもつエビやカニを捕食し、身や卵に蓄積するからです。サケ科魚類はこの含有量が高く（表7-2-1）、アスタキサンチンはガンを抑える効果が高いこともわかっています。ニンジン、カボチャ、トウモロコシに含まれるベータカロテンやゼアキサンチンよりもはるかに優れた効果を発揮します。また、サケの肉はタンパク質量が高く、必須アミノ酸をバランスよく含んでいます。さらに、カルシウムの吸収を促進するビタミンDや機能性脂肪酸EPAやDHAも豊富です。

　かまぼこなどの冷凍すり身の製造技術は北海道で開発されたものです。ヒトの健康増進に役立つ成分を多く含む魚肉ねり製品について、地域の強みを活かしながら、魚のうまみや栄養素の損失がなく、また、環境にも優しい製法の開発が取り組まれています。

　ひとつの例が、サケ・マスを使ったかまぼこです。サケはスケトウダラなどと違って、水晒しをしても「足」が形成されにくいといわれます。しかし、水晒しを行わないことで、栄養素（うまみ成分）の流出を防ぎ、排水処理を抑えた環境に優しい製法が可能となります。また、スケトウダラなどのすり身で製造したかまぼこは、食品添加物（食用色素）で着色した製品も多く出回っていますが、サケ・マスを用いることで、天然色素アスタキサンチンの色調を活かした、アスタキサンチンの健康機能性をもつ魅力的な製品を製造することも可能です。このようなサケ・マスの水晒しをしない無晒しすり身を使った、かまぼこの開発が行われています（図7-2-2）。

　さらに、サケ・マスのほか、ホタテ、イカなどのバイオマス資源（廃棄物資源）に含まれる有用物質を活かした、医薬品や機能性食品などの高付加価値製品の創製にも取り組んでいます。

表 7-2-1　各サケのアスタキサンチン含有量

種類	100g 中の含有量（mg）
シロサケ	0.3 〜 0.8
ベニサケ	2.5 〜 3.5
ギンサケ	0.8 〜 2.0
キングサーモン	1.0 〜 2.0
アトランティックサーモン	0.3 〜 0.8
イクラ	0.8
スジコ	0.8

図 7-2-2　サケのすり身で製造したかまぼこ

7-3 地域の魅力ある食料資源を活用した食品開発

●飽食の時代

　私たちが生きていくために必要な条件として「衣食住」があります。なかでも「食」は最も重要であり、誰もが一生を終える瞬間まで何らかの食品を食べ続ける必要があります。1954年（昭和29年）から1973年（昭和48年）までの高度経済成長期を経て、日本人は物質的に豊かになり、それにともない食生活も多様化しました。いつ、どこでもあらゆる食材を入手できる豊かさを手に入れましたが、飽食の時代となり、エネルギーや栄養素の過剰摂取によって栄養摂取バランスが崩れ、糖尿病など生活習慣病の増加が問題視されています。食料資源の乏しいわが国において、もう一度「食」について考える必要があると思います。

●深刻化するコメの問題

　現代日本人の食生活は、コメより小麦（パンや麺類）を食する傾向が年々強くなっています。実際に1人当たりのコメの年間消費量は、1962年（昭和37年）の半分程度まで減少しています。2012年（平成24年）現在、2人世帯以上の家庭をみた場合の年間消費金額は、コメが28,721円、パン類（食パン、菓子パン、調理パンなど）が32,335円となっており、小麦を原料とするパン食が米食を上まわっています。

　このように、パンは現代日本人の食生活においてなくてはならない加工品のひとつとなりました。食料の半分以上を諸外国からの輸入に依存するわが国において、主食用米の自給率はほぼ100％と高く、コメは数少ない自給可能な食材のひとつです。食料自給率の改善の面からも、コメの消費量を上げることが緊急の課題となっており、食料自給力強化ならびに食料自給率向上のため粉食利用によるコメの消費拡大を目指しています。

　2009年7月「米穀の新用途への利用促進に関する法律」が施行され、米粉用米の生産量は増加しています。現代の食生活で最も消費の期待されるパ

ンへの取り組みも進んでいますが、小麦粉を利用したパンと比較し、品質面で大きく劣っているため、普及も進まない状況です。米粉にはグルテンを含まないという性質がありますので、従来とは異なる加工法の開発が求められています（図7-3-1）。

図 7-3-1　米粉の製造工程と米粉パンの研究

米粉の製造工程

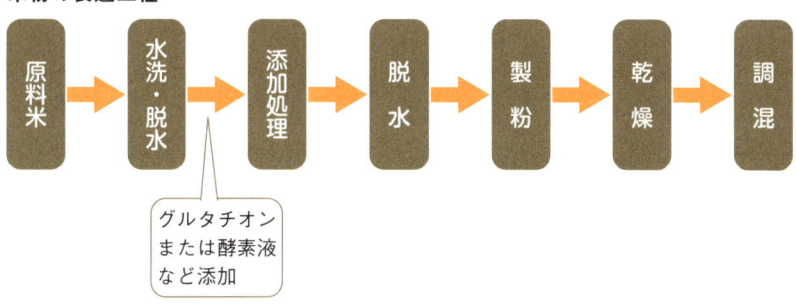

原料米 → 水洗・脱水 → 添加処理 → 脱水 → 製粉 → 乾燥 → 調混

（添加処理：グルタチオンまたは酵素液など添加）

添加による膨潤・糊化

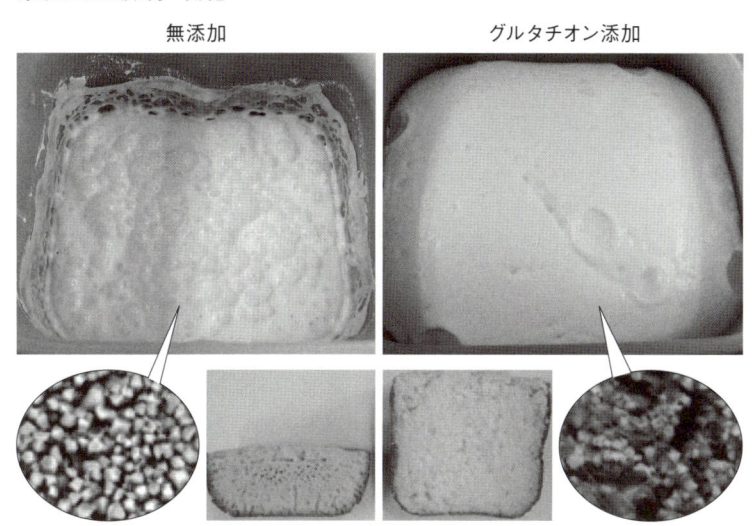

無添加　　　　　　グルタチオン添加

グルテンを含まない米粉にグルタチオンを添加することで、無添加米粉パンや小麦パンよりも、なめらかにできる

Reprinted with permission from Improvements in the Bread-Making Quality of Gluten-Free Rice Batter by Glutathione. Journal of Agricultural and Food Chemistry.Copyright (2010) American Chemical Society.

●新たな視点で食品開発

　北海道、東北地方、新潟県などの主要な米どころでは、品質の優れたコメが栽培されており、㈶日本穀物検定協会が評価する食味ランキングでは常に高い評価を受けています。しかし、コメを食べる量が減少している現在、コメの価格低迷による生産者の収入減、後継者不足、さらにはTPPなどの問題が山積しています。一方で2015年4月に食料品が値上がりしたことで、私たちの家計は苦しくなっています。朝食で食べる機会の多いバター、ヨーグルト、牛乳やコーヒーなど、いずれも値上がりしています。また、政府卸売価格が3％上がった小麦を原料としたパンもいずれ値上げとなるでしょう。

　筆者が生活する東北地方山形県は、わが国有数の米どころです。食料自給率表（表7-3-1）をみると、本地域において「コメ」が最も重要な食材であることがわかります。主要な流通米として、「はえぬき」や「つや姫」という品種がありますが、「はえぬき」は食味のわりに知名度が低く、おもに業務用米として比較的安価で取引されています。県は、ブランド米「つや姫」と「はえぬき」の中間に位置付けされる新たな品種を開発中です。

　山形県には、古くから日本酒や漬け物などの発酵食品文化が根付いているので、高品質な地域食材と文化や技術を融合した新たな加工食品の開発が可能です。最近開発された「お米のコンフィチュール」という製品があります（図7-3-2）。「はえぬき」と「はえぬき」で製造した麹で甘酒のようなものをつくり、煮詰めることで糖度を上げた製品です。甘酒は麹由来の苦味や渋味があり、好みが分かれます。これらをマスクするためペースト状と粒状アーモンドを混合し、なめらかな食感とアーモンドの香ばしいおいしさを表現した「お米のジャム」です。果実を使用したジャムと異なり、砂糖を一切加えないコメ本来の甘さを活かした製品です。コメを食べなくなった今、パンと「お米のジャム」で食するという、新しい食べ方の提案も注目されています。

表 7-3-1　東北 6 県のカロリーベース食料自給率 （品目別・平成 19 年概算値）

(単位:%)

	県別自給率	米	米を除いた自給率	小麦	大豆（食用）	野菜類	果実	牛肉	豚肉	鶏肉	鶏卵	牛乳・乳製品	魚介類
青森	119	298	64	6	64	263	569	27	21	39	32	24	313
岩手	104	318	39	8	45	99	79	32	22	97	29	76	204
宮城	80	244	30	4	93	40	7	17	7	7	17	27	244
秋田	177	688	21	1	148	85	64	8	16	2	13	14	16
山形	133	491	24	0	102	125	151	19	12	4	5	33	12
福島	85	302	19	1	28	95	75	19	8	5	17	23	69
東北	108	359	32	3	75	109	140	20	13	23	19	32	154
全国	40	96	23	14	24	77	37	11	5	7	10	27	62

資料：農林水産省「食料需給表」を基に東北農政局で試算
注 1) データの制約から各都道府県の生産・消費の実態を十分把握できていない部分があること
注 2) 各地域の自然・社会・経済的な諸条件が異なっていることから、その水準を各都道府県で単純に比較できるものではないこと

図 7-3-2　お米のコンフィチュール

7-4 食品ロボットと3Dプリンターによる食品開発

●省人化と生産の効率化を目指して

　自動車産業や電機産業の製造ラインでは、今や一般的になってきた産業用ロボットの導入も、食品産業においては、食材の特質や加工の多様性、最終商品の形状やサイズ、微妙な風味や食感の違いなどから、やや遅れをとってきました。しかし、最近では少子高齢化の進展にともなう人材不足から産業用ロボットの導入に取り組む食品メーカーも増えてきました。

　水産加工品では、さつま揚げなどの魚肉ねり製品の製造において、包装前のピッキング工程に多関節形の産業用ロボットを配置しているメーカーがあります。食肉加工メーカーでもナイフを備えた多関節形産業用ロボットを使って、骨と肉をさばく作業を行っています（図7-4-1）。食品分野で最も導入が早かったのは、外食産業の回転ずしチェーンが用いた寿司ロボットです（図7-4-2）。現在は、スーパーマーケットやコンビニなどの持ち帰り商品の製造に導入されています。

　多関節形の産業用ロボットは、垂直多関節形と水平多関節形に大別されます。食品ロボットでは、無菌状態や低温下、高温下など製造環境に対応した産業用ロボットが導入されています。また、菓子の製造では、食品製造機械メーカーのレオン自動機株式会社が、世界ではじめて粘弾性物質に対応したロボットシステムを完成させています。

●3Dプリンターによる食品製造

　最近、注目を集めている3Dプリンターを使った食品の製造についても開発が進んでいます。日本ではおもに、菓子・ケーキ類への応用として使われており、世界に1個しかないオリジナルのケーキをつくることも可能です。

　アメリカでは、宇宙食や特定の成分・食材を練り込んだ個人用医療・介護食の開発に3Dプリンターの技術が活かせないか研究が進んでいます。NASA（アメリカ航空宇宙局）では、宇宙船の中に、食品製造を可能にする

3Dプリンターを搭載できれば、飛行士1人ひとりの宇宙食の製造が可能になると期待しています。

図 7-4-1　食肉加工に用いられる多関節形産業用ロボット

豚もも部位自動除骨ロボット「ハムダス -RX」。写真は筋入れ工程　　（写真提供：株式会社前川製作所）

図 7-4-2　最新の寿司ロボット

1時間に1200個の寿司玉がつくれる寿司ロボット

（写真提供：株式会社トップ）

7-5 食品表示法の施行

●食品表示の変更

　2015年4月1日、JAS法、食品衛生法、健康増進法の義務表示を一元化した「食品表示法」が施行されました。消費者庁は、おもな変更点として11項目をあげています（①加工食品と生鮮食品の区分統一、②製造所固有記号のルール改善、③アレルギー表示のルール改善、④栄養成分表示の義務化、⑤栄養強調表示のルール改善、⑥栄養機能食品のルール変更、⑦原材料名表示のルール変更、⑧販売用途の添加物表示のルール改善、⑨通知等の表示のルール規定、⑩表示レイアウト改善、⑪経過措置期間）。図7-5-1におもな変更点を示します。

●一括表示

　一括表示欄は、製造者や販売者など表示責任者が記載されています。現行では製造者と異なる場合、製造所固有記号が使えましたが、同一製品を複数工場で製造する場合のみ使用可能となりました。ひとつの工場で製造する場合、販売者などに加えて製造所名や所在地情報の記載が必要です。

　アレルギー表示は、アレルゲン数に変更はありませんが、個別表示（原料ごとに表示）となります。

　原材料名欄は、原材料使用量の多い順に、続いて食品添加物使用量の多い順に表示しますが、これらを明確に区別する表示が義務づけられました。

●栄養表示

　加工食品への栄養表示が義務化され、栄養表示基準をもとに新たに食品表示基準が定められました。具体的には、①ナトリウムは食塩相当量で表示、②推奨表示は飽和脂肪酸と食物繊維の2項目とし、表示様式の変更、③事業者規模や対象食品により、義務とならない場合がある、④栄養強調表示の数値変更、⑤栄養強調表示の相対表示と無添加表示のルール変更、⑥栄養機能

食品のルール変更などです。日本人の食事摂取基準（2015年版）の考え方がいきています。

●機能性表示食品制度

　従来食品への機能表示ができるものは、栄養機能食品と特定保健用食品のみでしたが、新たに機能性表示食品が加わりました。消費者庁が定めた一定のルールにもとづき、事業者が科学的根拠を評価し消費者庁に届出を行い、要件が揃えば事業者の責任で表示可能となります。加工食品だけではなく生鮮食品も対象となり、特定の保健の目的が期待できる旨の表示が可能です。

　今後は、「機能性表示食品」と記載された食品が市場に多く出まわることから、食品メーカーでのビジネスチャンスの拡大に期待が高まる一方で、消費者自身の商品選択力が問われ、ますます情報を読み取る力が求められます。

図7-5-1　食品表示法・現行制度からのおもな変更点

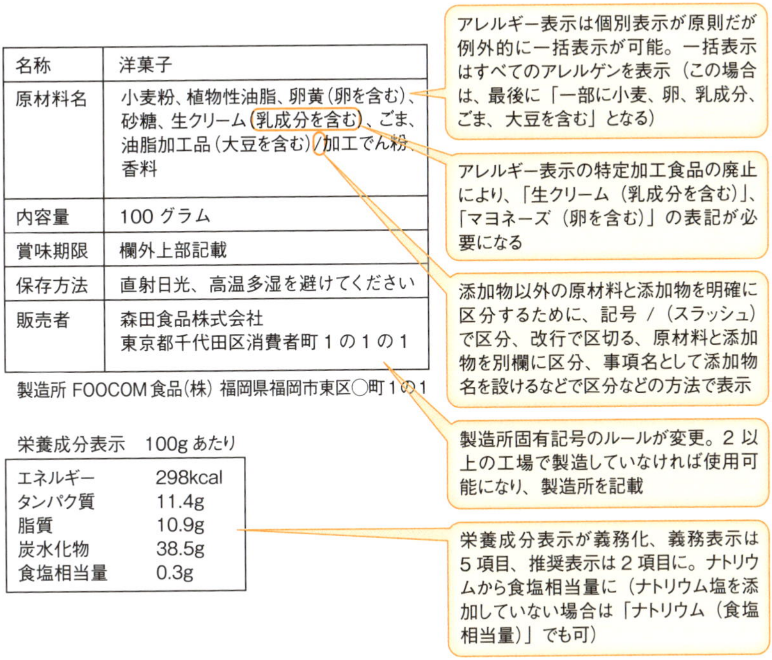

名称	洋菓子
原材料名	小麦粉、植物性油脂、卵黄（卵を含む）、砂糖、生クリーム（乳成分を含む）、ごま、油脂加工品（大豆を含む）/加工でん粉香料
内容量	100グラム
賞味期限	欄外上部記載
保存方法	直射日光、高温多湿を避けてください
販売者	森田食品株式会社 東京都千代田区消費者町1の1の1

製造所 FOOCOM食品(株) 福岡県福岡市東区○町1の1

栄養成分表示　100gあたり

エネルギー	298kcal
タンパク質	11.4g
脂質	10.9g
炭水化物	38.5g
食塩相当量	0.3g

- アレルギー表示は個別表示が原則だが例外的に一括表示が可能。一括表示はすべてのアレルゲンを表示（この場合は、最後に「一部に小麦、卵、乳成分、ごま、大豆を含む」となる）
- アレルギー表示の特定加工食品の廃止により、「生クリーム（乳成分を含む）」、「マヨネーズ（卵を含む）」の表記が必要になる
- 添加物以外の原材料と添加物を明確に区分するために、記号 /（スラッシュ）で区分、改行で区切る、原材料と添加物を別欄に区分、事項名として添加物名を設けるなどで区分などの方法で表示
- 製造所固有記号のルールが変更。2以上の工場で製造していなければ使用可能になり、製造所を記載
- 栄養成分表示が義務化、義務表示は5項目、推奨表示は2項目に。ナトリウムから食塩相当量に（ナトリウム塩を添加していない場合は「ナトリウム（食塩相当量）」でも可）

（一般社団法人「Food Communication Compass」ホームページより）

用語索引

ア行

亜鉛 …………………………………… 84, 85
アクティブ・パッケージング …… 122, 123
アスコルビン酸 ………………………… 46
アスタキサンチン ……………………… 160
圧搾 ……………………………………… 13
アミノ・カルボニル反応 ……… 12, 46, 47
アミノ酸 ………………………………… 36
アルブミン ……………………………… 37
一般飲食物添加物 …………………… 82, 83
一般的衛生管理プログラム …… 86, 87, 95
遺伝子組換え食品 ……………… 110, 111
異物 ……………………………………… 80
インジェクション法 …………………… 29
インフュージョン法 …………………… 29
インフレーションポリプロピレン … 119
うき乾し ………………………………… 18
宇宙食 …………………………………… 78
栄養表示基準 …………………… 106, 107
液燻 ……………………………………… 22
エクストルーダー …………………… 72, 73

エステル交換 …………………………… 13
X線検査機 …………………… 102, 103
MA包装 ……………………… 132, 133
延伸フィルム ………………………… 118
遠心分離 ………………………………… 13
塩蔵 ……………………………………… 30
オフフレーバー ……………………… 40, 41
温燻 …………………………………… 22, 23

カ行

加圧乾燥法 …………………………… 18, 19
介護食 …………………………………… 78
撹拌 ……………………………………… 13
可食インク …………………………… 120
可食化 ………………………………… 10, 11
可食フィルム ………………… 120, 121
ガス置換包装 ………………………… 134
ガスバリヤー性 ……………… 122, 123
褐変 …………………………………… 44, 47
カドミウム …………………………… 84, 85

加熱殺菌	28, 29	減圧貯蔵	134
加熱酸化	42	限外ろ過	74
過熱水蒸気	62, 63, 64, 65	高圧加工技術	56, 58
加熱致死速度曲線	28	高圧処理	13
カビ	14	高温殺菌	29
カビ毒	84, 85	硬水	143
紙	114	酵素的褐変反応	44, 45
ガラス容器	114	硬タンパク質	37
カラメル化反応	46	酵母	12, 14, 15
乾燥	18	好冷菌	24
緩慢凍結	26	糊化	13, 38, 39
既存添加物	82, 83	コロイドミル	70, 71
機能性食品	50, 74, 160		
逆浸透	74		
凝縮水	62, 63, 64, 65	**サ行**	
金属缶	114		
金属キレート剤	34, 43	細菌	14
金属検出機	102, 103	殺菌水	138
金属板接触法	26	酸化	20, 34, 40, 41, 42, 43
空気凍結法	26	酸素吸収ボトル	122, 123
クリーンルーム	100, 101	酸貯蔵	31
グルテリン	37	CA 貯蔵	132
グロブリン	37	COD	144
燻煙	22	糸状菌	14
結合水	16, 17	自然乾燥法	18, 19
ゲル化	13	湿式微細化義技術	70

171

指定添加物	82, 83
自動酸化	40, 41
篩別	13
自由水	16, 17, 26
ジュール加熱殺菌	29
準結合水	16, 17
純水	142, 143
消費期限	108, 109
賞味期限	108, 109
食品安全基本法	88, 89
食品衛生法	80, 82
食品添加物	82
食品表示法	168
食品放射	136, 137
食物アレルゲン	110
真空凍結乾燥（法）	18, 19, 20, 21, 60, 61
真空包装	134, 135
人工乾燥法	18, 19
浸漬凍結法	26
水銀（メチル水銀）	84, 85
水分活性	16, 17, 20, 30
スズ	84, 85
スチームオーブンレンジ	62
スプレードライ	18, 19
3Dプリンター	166
成分間反応	13
精密ろ過	74
赤外線殺菌	29
セミレトルト	54, 124
セロハン	114
送風凍結法	26

タ行

脱酸素剤	130, 131
タンパク質	36, 37
抽出	13
腸炎ビブリオ菌	30
腸炎ビブリオ食中毒	138
超高温瞬間殺菌	29
超臨界ガス	66, 67, 68
チルド	25
沈殿	13
低温殺菌	29
電気透析	74
天然香料	82, 83
デンプン	38, 39, 120
銅	84, 85
凍結含浸法	76, 77
凍結点	26, 27

搗精………………………………… 13	非酵素的褐変反応………………………… 46
糖蔵………………………………… 30	ヒスタミン……………………………… 84, 85
トレーサビリティシステム……… 128, 129	ヒストン………………………………… 37
	ヒ素……………………………………… 84, 85

ナ行

	氷結点…………………………………… 26
	氷蔵……………………………………… 25
鉛………………………………… 84, 85	不凍水…………………………………… 16
軟水……………………………… 142, 143	腐敗……………………………………… 14
熱燻……………………………… 22, 23	不飽和脂肪酸…………………………… 40
熱水・蒸気加熱殺菌……………… 29	プラスチック…………………………… 115
熱風乾燥法………………………… 18, 19	フリーズドライ………… 18, 19, 20, 60
	プロタミン……………………………… 37
	プロラミン……………………………… 37
	粉砕……………………………………… 13

ハ行

	噴霧乾燥法……………………………… 18, 19
	ペプチド結合…………………………… 36
パーシャルフリージング………………… 25	放射性核種分析機器…………………… 104
廃食用油脂…………………………… 150, 151	放線菌…………………………………… 14, 15
ハイレトルト………………………… 54, 124	ボツリヌス菌…………………………… 28, 54
HACCP…… 90, 91, 92, 94, 95, 96, 97	ポリフェノール………………………… 50, 74
発酵………………………………………… 14	ポリプロピレン（PP）フィルム …… 118
パッシブ・パッケージング……………… 123	
発泡スチロール…………………………… 126	
バラ凍結…………………………………… 26	
PL法……………………………………… 80	
BOD……………………………………… 144	
光増感酸化反応………………………… 42, 43	

173

マ行

マイクロ波殺菌……………………… 29
膜分離技術…………………………… 74
磨砕…………………………………… 13
無延伸フィルム……………………… 118
無菌充填製品………………… 116, 117
メタン発酵システム………………… 148

ヤ行

有害金属……………………………… 84

ラ行

冷燻…………………………… 22, 23
冷蔵…………………………… 24, 25
冷凍…………………………………… 26
冷凍焼け……………………………… 27
レトルト……………………… 52, 54, 124
ろ過…………………………………… 13
LL（ロングライフ）牛乳 ……… 116, 117

174

■写真提供

越後製菓株式会社、株式会社パイオニアジャパン、株式会社日阪製作所、株式会社えひめ飲料、広島県立総合技術研究所食品工業技術センター、株式会社システムスクエア、株式会社城北商会、株式会社 SO-KEN、北海道士幌町農業協同組合、株式会社上田精肉店、農研機構 食品総合研究所、株式会社前川製作所、株式会社トップ

■参考文献

「月刊 HACCP」㈱鶏卵肉情報センター

「衛生・品質管理実践マニュアル」㈳食品産業センター

『食品販売の衛生管理と危機管理がよくわかる本』河岸宏和　秀和システム

『第一次生産者のための衛生管理基礎講座』海老沢政之

『食品学Ⅱ』五十嵐脩編著　光生館

『改訂 食品加工学』菅原龍幸編著　建帛社

『図解食品加工学—理論と実習』西山隆造・安楽豊満　オーム社

『図解食品加工学』松本博著・近末貢編　医歯薬出版

『ビジュアル図解　食品工場のしくみ』河岸宏和　同文館出版

『食品の安全・衛生包装』横山理雄監修・中山秀夫・葛良忠彦編　幸書房

Yano (2010) Improvements in the Bread-Making Quality of Gluten-Free Rice Batter by Glutathione. Journal of Agricultural and Food Chemistry, 58(13), 7949-7954.

■監修者紹介

永井　毅（ながい・たけし）

九州大学農学部受託研究員、タイ王国ソンクラ王子大学大学院客員教授、東京農業大学生物産業学部食品科学科教授および大学院指導教授、美作大学生活科学部食物学科教授を経て、現在、山形大学大学院農学研究科教授、岩手大学大学院連合農学研究科教授（併任）。（博士）農学。

【執筆担当：第1〜3章、7章】

■著者紹介

大坪晏子（おおつぼ・やすこ）

佐賀県生まれ。合同会社フードプラス代表。

HACCP リードインストラクター、栄養士、調理師、国際 HACCP 同盟認定リードインストラクター登録、JHTC 認定 HACCP リードインストラクター登録、NPO 法人フードビジネスコーデイネーター協会理事。

【執筆担当：第4章 1 〜 9 節】

中村恵二（なかむら・けいじ）

山形県生まれ。法政大学卒業。ライティング工房代表。

既刊本に「最新食品業界の動向とカラクリがよーくわかる」（秀和システム）、「最新外食産業の動向とカラクリがよーくわかる」（秀和システム）などがある。

【執筆担当：第4章 10 〜 15 節、第5・6章、コラム】

●	装　　　丁	中村友和（ROVARIS）
●	作図＆イラスト	ジーグレイプ株式会社、野口孝士（eple）、三浦雅浩
●	編　集＆DTP	ジーグレイプ株式会社
●	編　集　協　力	中村恵二、稲田瑛乃、佐藤麻都香
●	ＤＴＰ　協　力	佐藤淳

しくみ図解シリーズ
食品加工が一番わかる

2015年9月25日　初版　第1刷発行

監　修　者	永井　毅
発　行　者	片岡　巌
発　行　所	株式会社技術評論社
	東京都新宿区市谷左内町 21-13
	電話　03-3513-6150　販売促進部
	03-3267-2270　書籍編集部
印刷／製本	株式会社加藤文明社

定価はカバーに表示してあります

本書の一部または全部を著作権法の定める範囲を超え、無断で複写、複製、転載、テープ化、ファイル化することを禁じます。

©2015　永井毅、ジーグレイプ株式会社

造本には細心の注意を払っておりますが、万一、乱丁（ページの乱れ）や落丁（ページの抜け）がございましたら、小社販売促進部までお送りください。　送料小社負担にてお取り替えいたします。

ISBN978-4-7741-7539-3　C3045

Printed in Japan

本書の内容に関するご質問は、下記の宛先まで書面にてお送りください。お電話によるご質問および本書に記載されている内容以外のご質問には、一切お答えできません。あらかじめご了承ください。

〒162-0846
新宿区市谷左内町 21-13
株式会社技術評論社　書籍編集部
「しくみ図解シリーズ」係
FAX：03-3267-2271